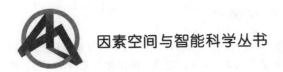 因素空间与智能科学丛书

泛因素空间与数据科学应用

包研科　著

U0202654

 北京邮电大学出版社
www.buptpress.com

内 容 简 介

本书以因素空间理论在管理科学领域的应用为主题,从认知本体论的思想原理出发,将因素之间的关系和数学运算视为人工认知的感知与思维的操作技术,按建构主义的技术路线推演,重构了因素空间的概念和代数结构。全书共 5 章:第 1 章"商集代数"和第 2 章"泛因素空间"讨论泛因素空间的思想原理和基本概念,以及商集代数与因素空间之间的格代数同构性;第 3 章"因素之间的关联性分析"和第 4 章"样本之间的相似性分析"介绍了格代数观点下的数学度量方法;第 5 章"数据分类的差转计算算法"介绍了泛因素空间思想框架下的一种数据挖掘算法设计与实证分析。

本书适合数据科学理论与应用工作者阅读参考,也可作为相关专业研究生选修课教学参考用书。

图书在版编目(CIP)数据

泛因素空间与数据科学应用 / 包研科著. -- 北京 : 北京邮电大学出版社,2021.1
ISBN 978-7-5635-6258-9

Ⅰ.①泛… Ⅱ.①包… Ⅲ.①数据采集—算法设计 Ⅳ.①TP274

中国版本图书馆 CIP 数据核字(2020)第 215947 号

策划编辑:姚 顺 刘纳新　责任编辑:刘 颖　封面设计:七星博纳

出版发行:北京邮电大学出版社
社　　　址:北京市海淀区西土城路 10 号
邮 政 编 码:100876
发 行 部:电话:010-62282185　传真:010-62283578
E-mail:publish@bupt.edu.cn
经　　　销:各地新华书店
印　　　刷:保定市中画美凯印刷有限公司
开　　　本:720 mm×1 000 mm　1/16
印　　　张:9
字　　　数:155 千字
版　　　次:2021 年 1 月第 1 版
印　　　次:2021 年 1 月第 1 次印刷

ISBN 978-7-5635-6258-9　　　　　　　　　　　　　　　　定价:32.00 元

《因素空间与智能科学丛书》总序

　　《因素空间与智能科学丛书》是一套介绍因素空间理论及其在智能科学应用的丛书。

　　每一次重大的科学革命都会催生一门新的数学,工业革命催生了微积分,信息革命和智能网络新时代催生的新数学是什么？人工智能发展这么多年了,似乎还没有一个真正属于人工智能的智能数学理论。现在,《因素空间与智能科学丛书》所要介绍的因素空间理论就是人们所盼望的智能数学理论。希望它能成为人工智能的数学基础理论。

　　信息科学与物质科学的根本区别在哪里？信息是物质在认识主体中的反映,是被认识主体加工了的资料,它既是事物本体的客观反映,又是主体加工的产物。所有物质科学的知识都是由人类对物质客体进行智能加工转化出来的成果。信息科学不是去重复研究这些成果,而是要研究以下问题:知识是怎样被转化出来又怎样被运用和发展的？就像摄影师拍摄庐山,物质科学所研究的是摄影师所拍摄出来的照片,而信息科学所研究的则是摄影师的拍摄技巧。拍摄必需有角度,横看成岭侧成峰,角度不同,庐山的面目便不同。庐山自己不会像一个模特儿那样摆出各种姿势,它没有视角选择的需求,也没有视角选择的权能,视角选择的权能只属于摄影师。信息科学要研究的是拍摄的本领和技巧。一切信息都依赖于视角。有没有视角选择的论题是区别信息科学与物质科学的一个分水岭。

　　认识必有目的,目的决定关切,视角就是关切点。关切点如何选择？关切点是因,靠它结出所寻求之果。宇宙所发生的一切,用两个字来概括就是"因果",因果贯穿理性,因果生成逻辑,因果构建知识。因素就是视角选择的要素,它是信息科学知识的基元。因素是广义的基因,孟德尔用基因来统领生物属性,打开了生命科学的大门,因素空间是引导人们提取关键因素并以因素来表达知识进行决策的数学理论和方法,它用广义的基因来打开智能科学的大门。它的出现是数学发展的一个新里程碑。

有很多数学分支都在人工智能中发挥了作用,特别有贡献的是:

① 集合论。它把概念的外延引入了数学,著名的 Stone 表现定理指出:所有布尔逻辑都与集合代数同构,或、且、非三种逻辑运算同构于并、交、余三种集合运算。基于这一定理,数学便进入逻辑而使数理逻辑蓬勃发展起来,而逻辑对人工智能的重要性是不言而喻的。

② 系统理论。系统是事物的普遍结构,它决定视角选择的层次性。

③ 概率论。人生活在不确定性之中,人脑的智能判断与预测都具有不确定性,概率论为人工智能引入了处理随机不确定性现象的工具。智能的操作始于数据,数据的处理必须用数理统计,现在,统计方法已经成为自然语言处理中的主流工具。

④ 经典信息论。尽管 Shannon 的信息论只关注信息编码的传输,不涉及信息的意义和内容,但是,Shannon 以信息量作为优化目标,相对于物质科学以能量为优化目标,他在方法论上就预先为信息革命举起了新的优化大旗,他无愧是智能科学的先驱。他所用到的信息、信道、信源和信宿构架,已为今天的智能理论定下了描述的基调。

⑤ 优化与运筹理论。因素选择就是信息的优化与运筹过程。

⑥ 离散数学。人的思维是离散的,离散数学为人工智能提供了重要的数学描述工具。

⑦ 模糊集合论。如果说上述各个分支都是自发而非自觉地为人工智能服务,那么模糊集合论则是自觉地为人工智能服务的一个数学分支。L. A. Zadeh 是一位控制论专家,他深感机器智能的障碍在于集合的分明性限制了思维的灵活性,他是为研究人脑思维的模糊性而引入模糊数学的。模糊数学的出现,使数学能够描述人类日常生活的概念和语言,Zadeh 在定性与定量描述之间搭起了一座相互转换的桥梁。模糊数学是最接近人工智能的数学分支。可惜的是,Zadeh 没有进一步地刻画概念的内涵以及内涵外延的逆向对合性。他也没有明确地提出过智能数学的框架。

以上这些分支都不能直接构成智能数学的体系。

1982 年,在国际上同时出现了 Wille 的形式概念分析、Pawlak 的粗糙集,加上因素空间理论,一共是 3 个数学分支。它们都明确地把认知和智能作为数学描述的对象,它们是智能数学的萌芽。1983 年蔡文提出了可拓学(研究起始于 1976 年),1986 年 Atanassov 提出了直觉模糊集,1988 年姚一豫提出了粒计算,张钹提出了商空间理论,1999 年 Molodtsov 提出了犹豫模糊集,2009 年 Torra 提出了软集……这些理论是智能数学的幼苗。

智能数学当前面临的任务是要用因素来穿针引线,把这些幼苗统一起来,不仅如此,还要与所有对人工智能有贡献的数学分支建立和谐关系。希望因素空间能担当此任。因素空间的作用不是取代各路"神仙",而是让各路"神仙"对号入座,因素空间更不能取代传统数学,而是与传统数学"缔结良缘"。

我 1957 年在北京师范大学数学系毕业留校。1958 年参加了在我国高校首轮开设概率论课程的试点任务。在严士健先生的带领下,我参加了讨论班,参与了编写讲义和开设概率论课的全过程。之后我在北师大本科四年级讲授此课。1960 年暑假,教育部在银川举办了西北地区高校教师讲习班,由我讲授概率论。这段经历使我深入思考了随机性和概率的本质,发现柯尔莫哥洛夫所提出的基本空间就是以因素为轴所生成的空间。1966 年之后,我开始研究模糊数学,当时正面临着模糊集与概率论之间的论战,为了深入探讨两种不确定性之间的区别与联系,我正式提出了因素空间的理论,用因素空间构建了两种不确定性之间的转换定理:给定论域 U(地上)的模糊集,在幂集 P(U)(天上)上存在唯一的概率分布,使其对 U 上一点的覆盖概率等于该点对模糊集的隶属度。这一定理不仅发展了超拓扑和超可测结构的艰深理论,更确定了模糊数学的客观意义,为区间统计和集值统计奠定了牢固的基础。这一定理还可囊括证据理论中 4 种主观性测度(信任、似然、反信任、反似然)的天地对应问题,在国际智能数学发展竞争中占据了一个制高点。因素空间在模糊数学领域中的成功应用,赢得了重要的实际战果。1987 年 7 月,日本学者山川烈在东京召开的国际模糊系统协会大会上展示出 Fuzzy Computer。它实际上只是一台模糊推理机,但却轰动了国际模糊学界。1988 年 5 月,我在北师大指导张洪敏等博士研究生研制出国际上第二台模糊推理机,推理速度从山川烈每秒一千万次提高到一千五百万次,机身体积不到山川烈模糊推理机的十分之一。这是在钱学森教授指导下取得的一场胜战。

这一时期的工作,是用因素空间去串连模糊数学(也包括概率论)。人工智能的视野总是锁定在不确定性上,概率论和模糊数学都做过而且将要做出更大的贡献,经过因素空间的穿针引线,有关的理论都可以更加自然地融入智能数学的体系,而且能对原有理论进行提升。这段时期的工作主要是由李洪兴教授和刘增良教授发展和开拓的。

形式概念分析和粗糙集是和因素空间同年提出的。它们都有明确的智能应用背景，开创了概念自动生成和数据决策的理论和算法，成为关系数据库的数学基础。相对而言，我在前一阶段也研究知识表示，但却是围绕着模糊计算机的研制，关键是中心处理器。我忽视了数据和软件。20 世纪人工智能曾一度处于低潮，但当网络时代悄然而至，所有计算机都可以联网以后，中心处理器的作用被边缘化，数据软件成为智能革命的主战场。我 1992 年在辽宁工程技术大学建立"智能工程与数学研究院"，之后出国。2008 年我从国外回来，回头再看一下同年的伙伴，看到粗糙集的信息系统，心里不禁一惊，"我怎么就没想到往关系数据库考虑呢？这不正好就是因素空间吗？"于是我设法用因素空间去串联上面这些成果，在它们的基础上再做些改进，显然因素空间可以使叙述更简单，内容更深刻，算法更快捷。国内学者在粗糙集和粒计算方面的工作都非常优秀，突破了 Pawlak 的水平，有很多值得因素空间借鉴的思想和方法。尤其是张铃教授的商空间理论，既有准确的智能实践，又有严格的数学理论，可圈可点。

这套丛书是由我的学生和朋友们共同完成的，他们的思想和能力往往超过我所能及的界限。青出于蓝而胜于蓝，这是我最引以为豪的事情。

因素空间理论是否真的能起到一统智能数学理论的作用，要靠广大读者来鉴别，也要靠读者来修正、发展和开拓，企盼大家都成为因素空间的开拓者，因素空间理论属于大家。

汪培庄

序

　　包研科老师是我在辽宁工程技术大学的同事和朋友,是因素空间理论和应用的积极开拓和应用者,在因素空间的基本理论和算法上有独到的见解和贡献。

　　我在因素的运算上曾有过长期的摇摆。为了把因素运算与属性值的逻辑运算区别开来,我用集合论来定义因素空间:把因素视为人在观察事物时所聚焦的质根,定义"合成"与"分解"两种运算,分别求取质根的"并"(∪)与"交"(∩)。集合代数是最原始的布尔代数,符号关系是:∪=∨,∩=∧。基于这一考虑,我曾一度将合成与分解运算分别用符号∨和∧来表示。包老师对此表示质疑。因为这种用法与逻辑的"析取"与"合取"正好相反。我对包老师说:"因素合成不是逻辑运算,合成使视角扩大,用∨比用∧更合适。"

　　包老师问:"用符号∧难道不意味着因素的划分变细吗?"这一问使我猛醒。人在思考的时候,考虑的因素越多,观察的事物就越细。着眼点的几何外延与对事物的内涵描述是认知刻画不可分割的两个方面,我怎能拒绝对因素运算做出逻辑解释呢? 他的提醒促使我重新考虑因素的逻辑运算。甲、乙两因素的合成就是"既考虑甲又考虑乙",这就是逻辑的合取;甲、乙两因素的分解就是"考虑甲与乙中之一",这就是逻辑的析取。析取解释是经过较长时间才从数学上写清楚的。这两种因素算子对之间的优美对偶性使我感到惊讶,我能有此收获,首先要感谢包老师。后来我采纳了他的用法,使因素逻辑运算与传统用法一致。鼓励他不要受我的思想束缚,大胆前行,他的"泛因素空间"就是他对因素空间理论的拓展,他所提出的莫比乌斯环结构的构想也很吸引我。和袁学海、张小红等教授的意见一致,他也建议把因素空间定义的布尔代数放宽到完备格,因为余因素在现实世界中的描述仍是扑朔迷离。

　　包老师学识颇为宽广,注重实际应用,坚持不懈地把因素空间用于辽宁农村心血管防治、金融软件智能化和其他管理体系的实践领域。针对基于相关性推理的分类算法普遍存在的"贪婪性"和大样本依赖性问题,他提出了差转计算算法设计。该算法以因果性推理为基础,防止现存各种同类算法的过拟合现象,取得了较好的实践效果。

　　包老师这本著作富有创新性,对于因素空间的传播偶有积极的影响。期望读者认真阅读,欢迎批评。

前　言

　　自 1982 年汪培庄先生提出因素空间的思想与理论至今,在人工智能基础研究领域,这一思想和理论体系越来越受学者们的重视,近几年进入了相对快速发展的新阶段。

　　我同汪先生和因素空间理论的结缘始于 2012 年 9 月。其时,先生受聘于辽宁工程技术大学智能工程与数学研究院,出任院长,身体力行推动因素空间理论在数据科学领域的研究与应用。2013 年下半年,我因阅读先生的文章存在疑惑而向先生请教。其间,先生提醒我:一定要注意因素运算符"∧"和"∨"同逻辑代数的意义相反。这次交流改变了我在数据科学的研究中"思想流浪"的状态,开始系统地思考因素运算符的这种"拧巴"现象的寓意。由于不能理解经典的因素空间公理化定义中"指标集是一个布尔代数"的先验假设,于是转而思考,如何从认知本体论的角度重构因素运算的认知意义。

　　这是一个艰难的选择,这个研究方向的建立意味着背离了数据科学研究的主流方向和热门选题。曾有同事提醒:这样做的结果可能是写出的论文找不到合适的刊物发表。事实也是如此。在研究过程中,由于思考的背景多是管理决策问题,具体工作从本体论的视角诠释论域的概念开始,归纳分析在概念表达和决策思维过程中人类信息加工的特征与原理性文献知识,凝炼为本书的人工认知本体论原理。在这个原理的指导下,尝试重构因素运算的认知意义。这个阶段的工作,依然受"因素空间的指标集是一个布尔代数"的影响,像发现新大陆一样我"发现"了因素空间结构的对偶性,"诠释"了因素空间的"莫比乌斯环几何结构"。后来发现,这一切均是布尔代数的"调皮"。对偶性是布尔代数的"任何一个元素都有唯一的补元素"的本性使然,莫比乌斯环几何结构是布尔代数中"DeMorgan 律"的幻象。这种发现虽然令人懊恼,但是也提供了一个审视自己思想路线的机会。

　　因素是人工认知描述概念内涵和知识发现的工具,回溯是因素的广义逆映射,有助于概念外延的认知,利于诠释数据科学的技术效果。作者先前的研究,虽然借助回溯定义了因素的运算,但是对回溯的结果未做深入的研究。在重新审视自己的思想路线的过程中发现,在因素运算体系的重构中,自己对认知本体论原理中的"对合原理"(即"人工认知发现的概念,其内涵与外延必须一致"的原理)贯彻落实得不到位。这一感悟开启了对集合代数的再学习,发现由回溯定义的因素运算其寓意同商集之间的运算存在本质的联系。这一内容的研究贯穿本书的各个章节,主要体现在第1章"商集代数"和第2章"泛因素空间"的讨论中。将因素的运算同商集代数相联系,导致了本书按建构主义的思想和技术路线建立起来的因素的代数运算系统,和经典的公理化思想定义的因素空间,在性质上有所不同。在本书的因素及其运算体系中,因素空间是格结构的,因素的补存在但不唯一,在布尔代数中成立的分配律,在本书的运算体系中不成立。这也是本书使用"泛因素空间"一词的原因,目的是提示读者注意,本书的研究是因素空间思想和理论的应用研究,涉及补运算和分配律的应用要谨慎行事。

在作者的研究经历中,不止一次遇到这样的质疑:你讲"因素标架"是不是一个概念性"炒作"? 客气的质疑是:"因素标架"是否有自己独特的内涵,同数学经典的仿射标架有什么区别? 本书在"有限因素标架"亦称"格标架"的讨论中进行了回答,并提出了一些在数据科学研究和应用中可以使用的思想原理和技术方法,虽然粗浅,且为抛砖引玉。

第3章和第4章讨论的是数据科学理论与应用研究的两个基础性主题,结合作者的教学和研究实践,介绍了适宜在格标架下运用的因素之间关联性的度量分析方法,和样本之间相似性的度量方法,并简单介绍了研究生赵凤华、孙梦哲和金圣军所做的相关应用研究工作。

在2014年春节前,汪培庄先生推动开展了"构造基于因素空间思想和理论的数据挖掘算法"问题的学术讨论和研究。针对基于相关性推理的分类算法普遍存在的"贪婪性"和大样本依赖性问题,差转计算算法设计以因果性推理为基础,以防止决策树等算法存在的过拟合现象、克服大样本依赖为主要目标。从算法的实证分析结果来看,差转计算算法实现了算法设计的预设目标。第5章介绍了我在差转计算算法设计研究中所做的工作,并简单介绍了研究生茹慧英、赵静在相关应用研究和实证分析中所做的工作。

感谢研究生陈然同学在商集代数和泛因素空间研究中的助研工作以及书稿的校对工作,感谢刘博同学所做的书稿校对工作。

感谢北京邮电大学出版社对本书出版的大力支持!

本书是抛砖引玉之作,适合数据科学理论与应用工作者阅读参考,也可作为相关专业研究生选修课教学参考用书。

包研科

于辽宁工程技术大学

2020 年 7 月 11 日

目　　录

第1章 商集代数

1.1 代　　数

【1 集合】　集合是一个原始的、不加定义的数学概念. 通常,称由任意一些固定的对象汇集而成的总体为一个**集合**,组成集合的对象称为集合的**元素**.

通常,集合用大写字母 $A, B, X, Y, \cdots$ 表示,元素用小写字母 $a, b, x, y, \cdots$ 表示.

术语"p 是 A 的元素"或等价地"p 属于 A",记作 $p \in A$.

术语"p 不是 A 的元素",即"$p \in A$"的否命题,记作 $p \notin A$.

集合是概念的数学描述语言. 从逻辑学的角度讲,一个概念可以从外延和内涵两个方面进行界定. 也就是说,一个集合内容的表达有两种基本方法:

(1) **外延法**　亦称列举法、枚举法,在可能的情况下列举出集合的元素. 例如,集合

$$A = \{a, b, c, d\}$$

这里,集合 A 的元素为字母 a, b, c, d. 注意,元素之间用逗号隔开,并用花括号 $\{\}$ 将它们括起来.

一个集合 A 中所含元素的多少称为集合的**基数**,记为 $\mathrm{card}(A)$.

(2) **内涵法**　亦称描述法,在不宜列举的情况下给出集合中元素的特征性质. 例如,非负偶数的集合,由于集合中含有无穷多个元素而不可能一一列举,于是可用描述集合中所有元素的共同性质的方式设定这个集合,即

$$B = \{x \mid x = 2k, k \in \mathbf{N}\}$$

读作"B 是所有非负偶数 x 的集合". 在这里字母 x 来表示集合的一般元素,记号中的符号"|"读作"使得",而后面 $2k$ 和 k 之间的逗号","则读作"而且".

同集合是一个原始概念一样,下面的基本原理也是不需论证的.

外延公理　一个集合在指定其元素之后就被完全确定;两个集合 A 与 B 相等当且仅当其元素相同.

如果集合 A 与 B 相等,则记为 $A = B$;否则记为 $A \neq B$.

从外延的角度理解,一个概念所描述的对象往往是一个大背景中的特殊存在. 在一个特定问题的讨论中,首先要明确问题的背景及所含对象的全体. 通常,称此类作为背景的集合为**全集**或**论域**,不妨记为 U.

在一个论域 U 中,由部分对象形成的一个集合 A 称为 U 的一个**子集**,表示 U 中一个概念的外延.

一般的,如果集合 A 的每个元素都是集合 B 的元素,则称 A 为 B 的一个子集,亦称 A **包含于** B,记为 $A \subseteq B$.

如果 $A \subseteq B$,则仍然可能有 $A = B$. 当 $A \subseteq B$ 但 $A \neq B$ 时,称 A 是 B 的一个**真子集**,记作 $A \subset B$.

如果 $A \subseteq B$,则 A 所代表的概念是 B 所代表概念的**下位概念**,反之 B 所代表的概念是 A 所代表概念的**上位概念**. 概念的形成遵循同化与分化原理,将下位概念归结为上位概念,即"将子集 A 归结到集合 B 中"的认知过程称为**概念同化**;将上位概念细化为下位概念,即"从集合 B 中发现子集 A"或"在集合 B 的基础上明确子集 A 的特殊性"的认知过程称为**概念分化**.

当一个概念的内涵描述出现矛盾(对立)时,不存在 U 的子集来表达这个概念的外延,此时称这一概念的外延是一个**空集**,记作 $\varnothing$.

在一个论域中,空集是唯一的不包含任何元素的集合.

【2 映射】　设 A 和 B 是两个非空集合,从 A 到 B 的一个法则 f 满足条件

$$\forall x \in A, \text{存在唯一的 } y \in B, \text{使 } y = f(x)$$

则称 f 是定义在 A 上的一个**映射**,记为 (A, B, f) 或 $f: A \to B$ 或 $A \xrightarrow{f} B$.

通常,若 $y = f(x)$,则称 x 为自变元,y 为 x 在 f 的作用下的像,x 称为 y 的原像. 称 A 为映射 f 的**定义域**,称 B 为映射 f 的**定值域**,集合

$$\operatorname{Im} f = \{f(x) \mid x \in A\}$$

称为映射 f 的**值域**或**像**.

设两个映射 (A,B,f) 与 (C,D,g) 相等,当且仅当 $A=C,B=D$ 且 $\forall x \in A$ 有 $f(x)=g(x)$.

设 f 是一个由集合 A 到集合 B 的映射,则

(1) 若 $\forall b \in B$,至少存在一个元素 $a \in A$,使得 $b=f(a)$,则称 f 是由 A 到 B 的**满映射**,简称**满射**.

(2) 若 $\forall a,b \in A$,当 $a \neq b$ 时,恒有 $f(a) \neq f(b)$,则称 f 是由 A 到 B 的**单映射**,简称**单射**.

(3) 若 f 是由 A 到 B 的满射且是单射,则称 f 是由 A 到 B 的**一一映射**,简称**双射**.

设 f 是由 A 到 B 的一一映射,g 是由 B 到 A 的映射,如果 $\forall b \in B$,存在 $a \in A$ 且 $b=f(a)$,使得 $g(b)=a$,则称 g 为 f 的**逆映射**,记为 f^{-1},是由 B 到 A 的一一映射. 一个映射的逆映射是唯一的.

(4) 一个由集合 A 到集合 A 的映射 f 称为 A 上的**变换**.

若 $\forall a \in A$,恒有 $f(a)=a$,则称 f 是 A 上的**恒等变换**.

通常,称集合 A 上的一一变换 f 为 A 上的**置换**;当 $\mathrm{card}(A)=n<\infty$ 时,称 f 为 n **阶置换**.

【3 关系】 设 A 和 B 是两个非空集合,由序对 (x,y) 组成的集合

$$A \times B = \{(x,y) \mid x \in A, y \in B\}$$

称为 A 和 B 的**笛卡儿积**.

注意,在 $A \times B$ 中的两个序对 $(x,y)=(a,b)$,当且仅当 $x=a,y=b$.

特别的,若 $R \subseteq A \times B$,则称 R 是 A 和 B 之间的一个**关系**. 当 $(x,y) \in R$ 时,称 x 和 y 具有关系 R,记为 xRy;当 $(x,y) \notin R$ 时,称 x 和 y 不具有关系 R,记为 $x\overline{R}y$.

注意,$\forall x \in A, y \in B, xRy$ 和 $x\overline{R}y$ 有且仅有一种情形成立.

在一个给定集合 A 上,由术语"关系"来描述对象间的联系,或者说描述一个概念更符合人们的语言和认知习惯.

若 $R \subseteq A \times A$,称 R 为 A 上的**二元关系**,简称关系,是研究集合内部结构性质的基本概念.

一个给定集合 A 上的关系往往具有不同的性质,常见性质的定义如下:

(1) **传递性** $\forall a,b,c \in A$,当 $(a,b) \in R$ 且 $(b,c) \in R$ 时,恒有 $(a,c) \in R$.

（2）**自反性**　$\forall a \in A$,恒有 $(a,a) \in R$.

（3）**对称性**　$\forall a,b \in A$,当 $(a,b) \in R$ 时,恒有 $(b,a) \in R$.

（4）**反对称性**　$\forall a,b \in A$,当 $(a,b) \in R$ 且 $(b,a) \in R$ 时,恒有 $a=b$.

（5）**连通性**　$\forall a,b \in A$,$(a,b) \in R$ 与 $(b,a) \in R$ 至少一个成立.

当集合 A 上的关系 R 同时满足传递性、自反性和对称性时,称 R 为 A 上的**等价关系**;A 的子集合

$$[a]=\{x \in A \mid xRa\}$$

称为 A 上由等价关系 R 建立的一个**等价类**.

当关系 R 表示某种"优先顺序"时,称 R 为**序关系**.讨论一个集合 A 上的序关系 R,至少要求 R 满足传递性.

若 R 同时满足传递性和自反性,则称 R 为**拟序**,称 A 为**拟序集**.

若 R 同时满足传递性、自反性和连通性,则称 R 为**弱序**,称 A 为**弱序集**.

若 R 同时满足传递性、自反性和反对称性,则称 R 为**偏序**,称 A 为**偏序集**.

若 R 同时满足传递性、自反性、反对称性和连通性,则称 R 为**线性序**,称 A 为**线性序集**.

【**4 代数系统**】　一个由 $A \times A$ 到 A 的映射 f 称为 A 上的**二元代数运算**,即对于任意 $a,b \in A$,通过 f 唯一确定一个 $c \in A$,使 $f(a,b)=c$.

一个代数运算只是一种特殊映射,通常用特殊符号标记这种特殊映射.例如,设 $\circ$ 是一个代数运算,习惯上将运算符 $\circ$ 中置,把 $\circ(a,b)=c$ 记为 $a \circ b=c$.

一般的,由 A^n 到 A 的映射 f 称为 A 上的 **n 元代数运算**,n 称为运算的阶.并称 f 为**运算符**.

特别的,一个 A 上的变换 f 称为 A 上的**一元代数运算**.

设 A 是一个非空集合,F 是定义在 A 上的代数运算的集合,称序偶 $(A;F)$ 为一个**代数系统**,简称**代数**.

代数系统的概念是集合概念的升级,是一个**有结构的集合**,这种结构是由代数运算建立起来的.

借助一个熟知的代数系统来认知一个新的、需要考察和了解的代数系统,这是代数系统研究与应用的方法论基本原理,其间同态映射是核心概念与工具.

设 A 和 B 是两个代数系统,$\circ$ 是 A 上的代数运算,$*$ 是 B 上的代数运算,f 是由 A 到 B 的一个映射,如果 $\forall a,b \in A$,都有

$$f(a \circ b) = f(a) * f(b)$$

则称 f 是由 A 到 B 的**同态映射**. 特别的,当 f 为满映射时,称代数系统 A 与 B **同态**,记为 $A \sim B$.

若两个代数系统 A 与 B 同态,则由 A 的代数运算满足结合律和交换律可以推出 B 的代数运算也满足结合律和交换律. 如果 A 中的两个代数运算满足左(右)分配律,则 B 中相应的两个代数运算也满足左(右)分配律.

如果两个代数系统 A 与 B 之间的同态映射 f 是一一映射,则称代数系统 A 与 B **同构**.同构的两个代数系统 A 与 B 之间对应的代数运算必然有完全类似的性质.

1.2　集 合 代 数

【5 格与布尔代数】　一般的,设 $(L; \leqslant)$ 是一个偏序集 . $\forall a, b \in L$,若存在最大下界 $\inf\{a, b\}$ 和最小上界 $\sup\{a, b\}$,则称偏序集 L 为一个**格**.

记 $\sup\{a, b\} = a \vee b$,$\inf\{a, b\} = a \wedge b$,称 $\vee$ 和 $\wedge$ 为格 L 上的**自然运算**,习惯上称 $\vee$ 为**加法**,称 $\wedge$ 为**乘法**.

容易证明,格 $(L; \leqslant)$ 具有下列性质:

(1) $a \leqslant a \vee b$,$a \wedge b \leqslant a$. (**和大积小**)

(2) $a \leqslant b \Leftrightarrow a \wedge b = a$. (**乘法取小**)

(3) $a \leqslant b \Leftrightarrow a \vee b = b$. (**加法取大**)

(4) $a \wedge a = a$,$a \vee a = a$. (**幂等律**)

(5) $a \wedge b = b \wedge a$,$a \vee b = b \vee a$. (**交换律**)

(6) $(a \wedge b) \wedge c = a \wedge (b \wedge c)$,$(a \vee b) \vee c = a \vee (b \vee c)$. (**结合律**)

(7) $a \wedge (a \vee b) = a$,$a \vee (a \wedge b) = a$. (**吸收律**)

注意,一个定义了加法和乘法两种代数运算的集合 $(L; \vee, \wedge)$,若满足幂等律、交换律、结合律和吸收律,则集合 L 上存在偏序关系 $\leqslant$,且 $(L; \leqslant)$ 是一个格.

因此,一个格 $(L; \leqslant)$ 可以等价表记 为 $(L; \vee, \wedge)$.特别的,若 $P \subset L$ 且 P 关于运算 $\vee$、$\wedge$ 封闭,则称 $(P; \vee, \wedge)$ 是 $(L; \vee, \wedge)$ 的**子格**.

在一个格 $(L; \vee, \wedge)$ 上,$\forall a \in L$,存在 $1 \in L$,$a \wedge 1 = a$,则 1 称为**泛上界**或恒等

元;存在 $0 \in L, a \vee 0 = a$,则 0 称为**泛下界**或**零元**.

既存在泛上界,又存在泛下界的格称为**有界格**.

在一个格 $(L; \vee, \wedge)$ 上,$\forall a, b \in L$,若 $a \wedge b = 0, a \vee b = 1$,则称 a, b 是**互补的元素**,彼此称为另一个元素的补元,记为 $a' = b, b' = a$.

若格 $(L; \vee, \wedge)$ 中每一个元素都有补元,则称 $(L; \vee, \wedge)$ 为**有补格**.

在一个格 $(L; \vee, \wedge)$ 上,$\forall a, b, c \in L$,若分配律

$$a \wedge (b \vee c) = (a \wedge b) \vee (a \wedge c), a \vee (b \wedge c) = (a \vee b) \wedge (a \vee c)$$

成立,则称 $(L; \vee, \wedge)$ 为**分配格**.

通常,称格的自然运算定律为**格代数公式**. 设 E 是一个格代数公式,将 E 中的 $\wedge$、$\vee$、1 和 0 依次替换为 $\vee$、$\wedge$、0 和 1,得到新公式 E^*,称为 E 的**对偶公式**,简称为 E 的**对偶**.

在格的代数运算中,如果一个公式 E 成立,则其对偶公式 E^* 必定成立.

在分配格中,一个元素若有补元,则补元素是唯一的.

一般的,称一个有补分配格 $(L; \vee, \wedge)$ 为**布尔代数**,记为 $(L; \vee, \wedge, ', 0, 1)$.

在一个布尔代数中,除前述格的性质(1) 至(7)外 ,下列性质也成立:

(8) $(a')' = a$.(**对合律**)

(9) $a \vee a' = 1, a \wedge a' = 0$.(**互补律**)

(10) $a \vee 0 = a, a \wedge 1 = a$.(**同一律**)

(11) $a \vee 1 = 1, a \wedge 0 = 0$.(**全无律**)

(12) $(a \vee b)' = a' \wedge b', (a \wedge b)' = a' \vee b'$.(**De Morgan 律**)

其中,交换律、分配律、同一律和互补律是布尔代数最本质的运算定律,其他所有的运算定律均可由这 4 个运算定律推证.

【6 集合代数】 设非空集合 U 是一个论域. 理论上,论域 U 的每一个子集 A,都可以理解为建立在 U 上的某一个概念的外延. 因此,不难理解 U 上的所有子集构成的集族是一个知识系统.

数学上,称由集合 U 的所有子集合构成的集族为集合 U 的**幂集**,记为 $\mathscr{P}(U)$.

如果集合 U 是一个有限集,$\mathrm{card}(U) = n$,则 $\mathrm{card}(\mathscr{P}(U)) = 2^n$.

如果集合 U 是一个可数集,$\mathrm{card}(U) = \mathrm{card}(N), \mathrm{card}(\mathscr{P}(U)) = \mathrm{card}(R)$.

所谓**集合代数**,指非空集合 U 的幂集 $\mathscr{P}(U)$ 构成的代数系统.

(1) 幂集 $\mathscr{P}(U)$ 是一个偏序集.

显然,在 $\mathscr{P}(U)$ 上,集合的包含关系 $\subseteq$ 满足传递性

$$\forall A,B,C\in\mathscr{P}(U),\quad 若 A\subseteq B 且 B\subseteq C,\quad 则 A\subseteq C$$

满足自反性

$$\forall A\in\mathscr{P}(U),\quad A\subseteq A$$

和反对称性

$$\forall A,B\in\mathscr{P}(U),\quad 若 A\subseteq B 且 B\subseteq A,\quad 则 A=B$$

因此,幂集 $\mathscr{P}(U)$ 是一个关于集合包含关系的偏序集.

(2) 幂集 $\mathscr{P}(U)$ 是一个格.

$\forall A,B\in\mathscr{P}(U)$,设 $C\in\mathscr{P}(U),C\subseteq A$ 且 $C\subseteq B$. 由包含关系的定义,有 $C\subseteq A\bigcap B$,即 $A\bigcap B=\inf\{A,B\}$.

同理可证,$A\bigcup B=\sup\{A,B\}$.

所以,幂集 $\mathscr{P}(U)$ 是一个格.

换句话说,基于集合包含关系的偏序性,推证出了集合的并"$\bigcup$"和交"$\bigcap$"运算是幂集 $\mathscr{P}(U)$ 上的自然运算.

下面反推,基于集合的并、交运算可证在幂集 $\mathscr{P}(U)$ 上存在一种偏序关系.

显然,在幂集 $\mathscr{P}(U)$ 上,幂等律

$$A\bigcap A=A,\quad A\bigcup A=A$$

交换律

$$A\bigcap B=B\bigcap A,\quad A\bigcup B=B\bigcup A$$

结合律

$$(A\bigcap B)\bigcap C=A\bigcap(B\bigcap C),\quad (A\bigcup B)\bigcup C=A\bigcup(B\bigcup C)$$

和吸收律

$$A\bigcap(A\bigcup B)=A,\quad A\bigcup(A\bigcap B)=A$$

成立.

首先,在幂集 $\mathscr{P}(U)$ 上约定:

$$\forall A,B\in\mathscr{P}(U),A\subseteq B\Leftrightarrow A\bigcap B=A$$

注意,这里约定了一个*形式包含*关系"$\subseteq$",上式中"$A\subseteq B$"没有"A 是 B 的子集"这种本体性意义,只是运算"$A\bigcap B=A$"的一种形式记号.

如上约定的关系 $\subseteq$ 是幂集 $\mathscr{P}(U)$ 上的偏序关系.

实际上,若 $A\subseteq B$ 且 $B\subseteq C$,则 $A\bigcap B=A,B\bigcap C=B$,由结合律可知

$$A = A \cap B = A \cap (B \cap C) = (A \cap B) \cap C = A \cap C$$

从而 $A \subseteq C$，关系 $\subseteq$ 满足传递性.

由幂等律 $A \cap A = A$ 可知 $A \subseteq A$，关系 $\subseteq$ 满足自反性.

因为 $A \subseteq B \Leftrightarrow A \cap B = A, B \subseteq A \Leftrightarrow B \cap A = B$，由交换律 $A \cap B = B \cap A$ 可知 $A = B$，关系 $\subseteq$ 满足反对称性.

所以，由 $A \cap B = A$ 定义的关系 $\subseteq$ 是幂集 $\mathscr{P}(U)$ 上的偏序关系.

进而，$\forall C \in \mathscr{P}(U)$，由 $C \subseteq A$ 且 $C \subseteq B$，即 $C \cap A = C, C \cap B = C$ 可知

$$C \cap (A \cap B) = (C \cap A) \cap B = C \cap B = C$$

亦即 $C \subseteq (A \cap B)$，所以 $A \cap B = \inf\{A, B\}$.

同理，$A \cup B = \sup\{A, B\}$.

所以，幂集 $\mathscr{P}(U)$ 上任何两个元素，对于关系 $\subseteq$ 都有最大下界和最小上界，即代数系统 $(\mathscr{P}(U); \subseteq)$ 是一个格.

注意，这一结论隐含

$$A \cap B = A \quad 和 \quad A \cup B = B$$

的对偶性.

实际上，由 $A \cap B = A$ 和吸收律可知

$$A \cup B = (A \cap B) \cup B = B \cup (A \cap B) = B \cup (B \cap A) = B$$

同理，由 $A \cup B = B$ 可知 $A \cap B = A$.

(3) 幂集 $\mathscr{P}(U)$ 是一个布尔代数.

显然，在幂集 $\mathscr{P}(U)$ 中，集合 U 是泛上界，空集 $\varnothing$ 是泛下界，所以幂集格 $\mathscr{P}(U)$ 是一个有界格.

又集合的并、交运算满足**分配律**

$$A \cup (B \cap C) = (A \cup B) \cap (A \cap B), A \cap (B \cup C) = (A \cap B) \cup (A \cup B)$$

所以，幂集格 $\mathscr{P}(U)$ 是一个分配格.

由于 $\forall A \in \mathscr{P}(U)$，$A$ 的补集

$$A^c = \{x \mid x \in U, x \notin A\}$$

存在且唯一，分配格 $\mathscr{P}(U)$ 也是一个有补格.

所以代数系统 $(\mathscr{P}(U); \cap, \cup, {}^c)$ 是一个布尔代数，通常称为**集合代数**，并且

对合律 $$(A^c)^c = A$$

互补律

$$A \bigcup A^c = U, A \bigcap A^c = \varnothing$$

和 De Morgan 律

$$(A \bigcup B)^c = A^c \bigcap B^c, \quad (A \bigcap B)^c = A^c \bigcup B^c$$

成立.

（4）幂集 $\mathscr{P}(U)$ 上的对称差群.

一般的,由一种代数运算定义的代数系统 $(G;*)$,若运算 $*$ 满足结合律,存在恒等元 1,即 $\forall g \in G$

$$g * 1 = 1 * g = g$$

且每一个元素 $g \in G$ 存在唯一的逆元素 $g^{-1} \in G$,即

$$g * g^{-1} = g^{-1} * g = 1$$

则称 $(G;*)$ 是一个群.

在集合代数中,由所有属于 A 但不属于 B 的元素构成的集合,称为集合 A 与 B 的差,记为

$$A - B = \{x \mid x \in A, x \notin B\}$$

显然, $A - B = A \bigcap B^c$.

由所有属于 A 或 B 但不同时属于 A 和 B 的元素的构成的集合,称为集合 A 与 B 的对称差,记为

$$A \oplus B = \{x \mid x \in A \bigcup B, x \notin A \bigcap B\}$$

显然, $A \oplus B = (A - B) \bigcup (B - A) = (A \bigcap B^c) \bigcup (A^c \bigcap B)$.

容易证明,幂集 $(\mathscr{P}(U);\oplus)$ 中任意两个集合 A 与 B 的对称差满足结合律

$$(A \oplus B) \oplus C = A \oplus (B \oplus C)$$

存在恒等元

$$A \oplus \varnothing = A$$

存在逆元

$$A \oplus A = \varnothing$$

所以 $(\mathscr{P}(U);\oplus)$ 构成一个群.

又对称差运算满足交换律

$$A \oplus B = B \oplus A$$

所以, $(\mathscr{P}(U);\oplus)$ 构成一个交换群.

1.3 商集代数

【7 商集合】 设 A_i，$i=1,2,\cdots,m$ 是集合 A 的子集合，若 $A_i \bigcap A_j = \varnothing$，$1 \leqslant i < j \leqslant m$ 且 $\bigcup\limits_{i=1}^{m} A_i = A$，则称集族 $\Sigma = \{A_1, A_2, \cdots, A_m\}$ 是集合 A 的一个**分类**或**划分**，称 $A_i(i=1,2,\cdots,m)$ 为集合 A 的第 i 个子类或子块.

一般来讲，定义在集合 A 上的一个等价关系 R 决定了 A 的一个分类. 换句话说，等价关系 R 是对集合 A 进行分割的准则，所得子集 A_i 即为 A 上由 R 确定的一个等价类.

定义 1.1 设 R 是非空集合 A 的一个等价关系，以 A 关于 R 的全部等价类为元素组成的集族 B 称为 A 关于 R 的**商集合**，简称为**商集**，记作 $B = A/R$.

显然，商集 A/R 是非空集合 A 的一个划分.

设 $B = \{B_1, B_2, \cdots, B_n\}$ 是一个非空集族，且存在 $B_i, B_j \in B$，使 $B_i \bigcap B_j \neq \varnothing$，$i \neq j$. 按下列操作可以将集族 B 转化为一个商集：

(1) 若 $B_i \bigcap B_j \neq \varnothing$，$i \neq j$，则从 B 中删除 B_i 和 B_j.

(2) 将 $B_i \bigcup B_j$ 加入 B 中（以 $B_i \bigcup B_j$ 替代 B_i 和 B_j）.

重复上述 (1) 和 (2) 的操作，直到

$$\forall B_i, B_j \in B, B_i \bigcap B_j = \varnothing, i \neq j$$

最终所得的集族称为 B 的**不相交并集族**，记为 $\mathscr{K}(B)$.

显然，设 $B = \{B_1, B_2, \cdots, B_n\}$ 是一个集族，$\mathscr{K}(B) = \{C_1, C_2, \cdots, C_m\}$ 是 B 的不相交并集族，则 $\bigcup\limits_{i=1}^{n} B_i = \bigcup\limits_{i=1}^{m} C_i$.

显然，$\mathscr{K}(B)$ 是由某一等价关系确定的商集，即存在等价关系 R，使得 $\mathscr{K}(B) = \bigcup\limits_{i=1}^{n} B_i / R$.

例如，集族 $B = \{\{1\}, \{2\}, \{3,4\}, \{4,5\}, \{5,6\}\}$，$\mathscr{K}(B) = \{\{1\}, \{2\}, \{3,4,5,6\}\}$.

【8 商集的细分】 设 D 是一个非空集合，记商集族

$$\mathbb{D} = \{D/R \mid R \text{ 为 } D \text{ 上的任意一个等价关系}\}$$

下面讨论 $\mathbb{D}$ 上的偏序关系.

定义 1.2　设 $A=\{A_1,A_2,\cdots,A_r\}$ 与 $B=\{B_1,B_2,\cdots,B_s\}$ 均为非空集合 D 的商集. 若 $r=s$，A 的子块 A_i 与 B 的子块 B_j 之间一一对应相等，即 $A_i=B_j$，则称商集 A 与 B 相等，记为 $A=B$.

定义 1.3　设 $A=\{A_1,A_2,\cdots,A_r\}$ 与 $B=\{B_1,B_2,\cdots,B_s\}$ 为非空集合 D 的两个不同商集. 若 $r\geqslant s$，$\forall B_i$，$i=1,2,\cdots,s$，存在 $A_{i_1},A_{i_2},\cdots,A_{i_{k_i}}\in A$，$i_1,i_2,\cdots,i_{k_i}\in\{1,2,\cdots,r\}$，使得 $A_{i_1},A_{i_2},\cdots,A_{i_{k_i}}$ 是 B_i 的一个划分，且 $\bigcup\limits_{i=1}^{s}\{A_{i_1},A_{i_2},\cdots,A_{i_{k_i}}\}=B$，则称商集 A 是商集 B 的一个**细分**，记为 $A\leqslant B$，并称商集 B 是商集 A 的一个**概括**.

显然，两个相等的商集是相互细分的. 注意细分定义隐含的下列结论：

(1) $A_{i_1}\bigcup A_{i_2}\bigcup\cdots\bigcup A_{i_{k_i}}=B_i$.

(2) $\bigcup\limits_{i=1}^{s}\{A_{i_1},A_{i_2},\cdots,A_{i_{k_i}}\}=A$.

(3) $\{A_{i_1},A_{i_2},\cdots,A_{i_{k_i}}\}\bigcap\{A_{j_1},A_{j_2},\cdots,A_{j_{k_j}}\}=\varnothing$，$i\neq j$.

由定义 1.3，(1) 与 (2) 显然.

对于性质 (3)，若 $\{A_{i_1},A_{i_2},\cdots,A_{i_{k_i}}\}\bigcap\{A_{j_1},A_{j_2},\cdots,A_{j_{k_j}}\}\neq\varnothing$，$i\neq j$，由不相交并集族的概念，必然存在 $A_{ip}=A_{jq}$. 又由定义 1.3 可知，$A_{i_1}\bigcup A_{i_2}\bigcup\cdots\bigcup A_{i_{k_i}}=B_i$，$A_{j_1}\bigcup A_{j_2}\bigcup\cdots\bigcup A_{j_{k_j}}=B_j$，与 $B_i\bigcap B_j=\varnothing$ 矛盾.

定理 1.1　商集的细分是商集族 $\mathbb{D}$ 上的一种偏序关系.

证明　显然，细分满足传递性.

设 A 是非空集合 D 的一个商集，由细分的定义，A 是自身的细分，满足自反性.

设 $A=\{A_1,A_2,\cdots,A_r\}$ 和 $B=\{B_1,B_2,\cdots,B_s\}$ 均为非空集合 D 的商集. 若 A 是 B 的细分，则 $s\leqslant r$；若 B 是 A 的细分，则 $s\geqslant r$；所以 $s=r$，且 $A=B$. 否则，若 $A\neq B$，即 A 与 B 的子块不能一一对应相等，必存在 $A_i\in A$，$B_j\in B$，使得

$$A_i\bigcap B_j\neq\varnothing \quad 且 \quad A_i\bigcap B_j\neq A_i,A_i\bigcap B_j\neq B_j$$

与 A 是 B 的细分（或 B 是 A 的细分）矛盾. 所以，细分满足反对称性.

因此，细分是商集族 $\mathbb{D}$ 上的一种偏序关系.

【9 商集代数】　下面讨论商集族 $\mathbb{D}$ 上的代数结构.

定义 1.4　设 A 与 B 是非空集合 D 的两个商集，若存在 D 的一个商集 C，满足条件

（1）$A \leqslant C$ 且 $B \leqslant C$；

（2）E 是 D 的任意一个商集，当 $A \leqslant E$ 且 $B \leqslant E$ 时，有 $C \leqslant E$；

则称 C 为商集对 $\{A, B\}$ 的**上确界**，记为 $\sup(A, B)$．

定理 1.2（上确界存在定理） 设 $A = \{A_1, A_2, \cdots, A_r\}$ 与 $B = \{B_1, B_2, \cdots, B_s\}$ 均是非空集合 D 的商集，商集对 $\{A, B\}$ 的上确界存在，并且

$$\sup(A, B) = \mathscr{H}(C)$$

其中

$$C = \{A_i \bigcup B_j \mid i = 1, 2, \cdots, r; j = 1, 2, \cdots, s; A_i \bigcap B_j \neq \varnothing\}$$

证明 设

$$C = \{A_i \bigcup B_j \mid i = 1, 2, \cdots, r; j = 1, 2, \cdots, s; A_i \bigcap B_j \neq \varnothing\}$$

由于

$$A_i \subseteq A_i \bigcup B_j, \quad B_j \subseteq A_i \bigcup B_j$$

所以

$$A \leqslant C \quad 且 \quad B \leqslant C$$

进而

$$A \leqslant \mathscr{H}(C) \quad 且 \quad B \leqslant \mathscr{H}(C)$$

不妨记 $\mathscr{H}(C) = \{C_1, C_2, \cdots, C_l\}$．

又设 D 的任意一个商集 E 满足 $A \leqslant E$ 且 $B \leqslant E$，证明 $\mathscr{H}(C) \leqslant E$．

不妨记 $E = \{E_1, E_2, \cdots, E_t\}$，由 $A \leqslant E$ 且 $B \leqslant E$ 可知 $t \leqslant r, t \leqslant s$，以及 $\forall E_m$，$E_n \in E$，存在 $A_i \in A, B_j \in B$，使得

$$A_i \subseteq E_m, \quad B_j \subseteq E_n$$

若 $A_i \bigcap B_j \neq \varnothing$，则 $A_i \bigcap B_j \subseteq E_m \bigcap E_n \neq \varnothing$，进而 $A_i \bigcup B_j \subseteq E_m \bigcup E_n$．

又 E 是非空集合 D 的一个商集，所以 $E_m = E_n$．

假设 $C_k \in \mathscr{H}(C)$，C_k 为若干个满足 $A_{i_q} \bigcap B_{j_q} \neq \varnothing$ 的 $A_{i_q} \bigcup B_{j_q}$ 之并集构成，为不失一般性，设

$$C_k = (A_{i_1} \bigcup B_{j_1}) \bigcup (A_{i_2} \bigcup B_{j_2}) \bigcup \cdots \bigcup (A_{i_z} \bigcup B_{j_z})$$

$$i_1, i_2, \cdots, i_z \in \{1, 2, \cdots, r\}; j_1, j_2, \cdots, j_z \in \{1, 2, \cdots, r\}; k = 1, 2, \cdots, l$$

由前述讨论可知，必有

$$A_{i_1} \bigcup B_{j_1} \subseteq E_{m_1}, A_{i_2} \bigcup B_{j_2} \subseteq E_{m_2}, \cdots, A_{i_z} \bigcup B_{j_z} \subseteq E_{m_z}$$

其中，$E_{k_q} \in E, q = 1, 2, \cdots, z$，即

$$C_k \subseteq E_{m_1} \bigcup E_{m_2} \bigcup \cdots \bigcup E_{m_z}$$

所以

$$E_{m_1} = E_{m_2} = \cdots = E_{m_z} = E_m$$

否则,若 $E_{m_1} \neq E_{m_2} \neq \cdots \neq E_{m_z}$,由 C_k 的构造条件可知,$E_{m_1} \bigcap E_{m_2} \bigcap \cdots \bigcap E_{m_z} \neq \varnothing$,与 $E_{k_q} \in E$,$q = 1,2,\cdots,z$(商集的子块不相容)矛盾.

所以 $C_k \subseteq E_m$,即 $\mathcal{K}(C) \leqslant E$.

所以,$\sup(A,B) = \mathcal{K}(C)$ 是存在的.

定义 1.5 设 A 与 B 是非空集合 D 的两个商集,若存在 D 的一个商集 C,满足条件

(1) $C \leqslant A$ 且 $C \leqslant B$;

(2) E 是 D 的任意一个商集,当 $E \leqslant A$ 且 $E \leqslant B$ 时,有 $E \leqslant C$;

则称 C 为商集对 $\{A,B\}$ 的**下确界**,记为 $\inf(A,B)$.

定理 1.3(下确界存在定理) 设 $A = \{A_1,A_2,\cdots,A_r\}$ 与 $B = \{B_1,B_2,\cdots,B_s\}$ 均是非空集合 D 的商集,商集对 $\{A,B\}$ 的下确界存在,并且

$$\inf(A,B) = \{A_i \bigcap B_j \mid i = 1,2,\cdots,r; j = 1,2,\cdots,s; A_i \bigcap B_j \neq \varnothing\}$$

证明 记

$$C = \{A_i \bigcap B_j \mid i = 1,2,\cdots,r; j = 1,2,\cdots,s; A_i \bigcap B_j \neq \varnothing\}$$

由 $A_i \bigcap B_j \subseteq A_i$,$A_i \bigcap B_j \subseteq B_j$ 可知,C 是 A 与 B 的细分.

设 $E = \{E_1,E_2,\cdots,E_t\}$ 是 D 的任意一个商集,$t \geqslant r,s$. 若 $E \leqslant A$ 且 $E \leqslant B$,则 $\forall E_k \in E$,$k = 1,2,\cdots,t$,有 $E_k \subseteq A_i$,$E_k \subseteq B_j$,进而 $E_k \subseteq A_i \bigcap B_j$,所以 $E \leqslant C$。

所以,$\inf(A,B) = C$ 是存在的.

定理 1.4(商集代数基本定理) 定义在非空集合 D 上的商集族 $\mathbb{D}$ 是一个格,称为**商集代数**.

由格的定义和定理 1.1~1.3 结论显然.

显然,D 是 $\mathbb{D}$ 上任意一个商集的概括,即泛上界;$D_0 = \{\{x\} \mid x \in D\}$ 是 $\mathbb{D}$ 上任意一个商集的细分,即泛下界.

因此,非空集合 D 上的商集族 $\mathbb{D}$ 是一个有界格.

定义 1.6 $\forall A,B \in \mathbb{D}$,称 $\sup(A,B)$ 为商集 A 与 B 的和,记为 $A + B$.

定义 1.7 $\forall A,B \in \mathbb{D}$,称 $\inf(A,B)$ 为商集 A 与 B 的积,记为 $A \circ B$.

例 1.1 设 $D = \{1,2,3,4,5\}$,集族 $A = \{\{1\},\{2,3\},\{4,5\}\}$ 和 $B = \{\{3\},\{1,2\},$

$\{4,5\}\}$ 是 D 的两个商集.由商集和与积的定义,易知

$$A+B=\{\{1,2\},\{2,3\},\{1,2,3\},\{4,5\}\}=\{\{1,2,3\},\{4,5\}\}$$

$$A\circ B=\{\{1\},\{2\},\{3\},\{4,5\}\}$$

定理 1.5 商集的和运算与积运算有下列基本性质:

(1) 若 $A\leqslant B$,则 $A\circ B=A,A+B=B$;反之亦真.(**第一吸收律**)

(2) $D_0\leqslant A\circ B\leqslant A,B\leqslant A+B\leqslant D$.(**顺序律**)

(3) $A\circ A=A,A+A=A$.(**幂等律**)

(4) $A\circ B=B\circ A,A+B=B+A$.(**交换律**)

(5) $(A\circ B)\circ C=A\circ(B\circ C),(A+B)+C=A+(B+C)$.(**结合律**)

(6) $A\circ(A+B)=A,A+(A\circ B)=A$.(**第二吸收律**)

定义 1.8 $\forall A,B\in\mathbb{D}$,若 $A+B=D$ 同时 $A\circ B=D_0$,则称 A 与 B 互补,并称 B 是 A 的**商补**.

注意,若 D 为有限集,在商集族 $\mathbb{D}$ 上,任意一个商集 A 的补是存在的,但不唯一.若 D 为可列集,在商集族 $\mathbb{D}$ 上,对任意一个有限子块的商集 A,满足条件 $A\circ B=D_0$ 的有限子块商集 B 不存在,即商集 A 的补不存在.

由格的性质可知,补的存在唯一性是格的自然运算满足分配律的必要条件.也就是说,商集的和与积运算不满足分配律.

例 1.2 设 $D=\{1,2,3,4,5\}$,集族

$A=\{\{1\},\{2,3\},\{4,5\}\}$, $B=\{\{2\},\{1,4\},\{3,5\}\}$ 和 $C=\{\{3\},\{1,2\},\{4,5\}\}$ 均为 D 的商集,容易验证

$$A+B=D \text{ 且 } A\circ B=D_0$$

$$B+C=D \text{ 且 } B\circ C=D_0$$

即 A 与 B 互补,B 与 C 互补,B 的商补不唯一.

进一步验证

$$A\circ(B+C)=A$$

$$(A\circ B)+(A\circ C)=\{\{1\},\{2\},\{3\},\{4,5\}\}$$

即

$$A\circ(B+C)\neq(A\circ B)+(A\circ C)$$

又

$$A+(B\circ C)=\{\{1\},\{2,3\},\{4,5\}\}$$

$$(A+B) \circ (A+C) = D$$

即

$$A + (B \circ C) \neq (A+B) \circ (A+C)$$

亦即,商集的和、积运算不满足分配律.

　　综上所述,集合代数和商集代数是两个不同的代数系统.集合代数是布尔代数,而商集代数是一个有界格,不能构成布尔代数.

第2章 泛因素空间

2.1 认知本体论原理

【10 认知】 "认知"一词源于拉丁语 Cognition,意为"知识"或"认识".认知源于感知,成于思维,是人类心智、态度与情感建构的基础.在认知科学的研究中,认知的概念包括感觉、知觉、记忆和判断等基本的生理和心理过程,涉及意象、概念、语言、推理等与思维直接相关的心理学范畴.

认知是智能的基础."智能"一词的拉丁语本意为"收集(legere)",后引申为"挑选、了解";汉语《辞海》的诠释则强调"智能"是"人认识事物并运用知识解决实际问题的能力".因此,"智能"可以简单地理解为"认知能力"的应用能力.

认知由概念表达,概念是人类思维体系中最基本的构筑单位.概念的外延陈述,形成"类"的认知;内涵陈述,形成"属性"或"状态"的认知.

思维反映人的感知,并超越感知形成更深刻的关于事物属性或关系的理解,是智能的核心要素.认知形成的标志是概念的形成,主要由分析和综合两种思维方法构成.分析的信息加工与处理技术是解析,实现方式是将事物拆分为更小的单元进行管理和研究,或者表述为"发现事物的个性特征".对一个概念的解析称为概念分化,是下位学习.综合的信息加工与处理技术是概括,实现方式是将一些具有相同属性的事物归纳为更大的单元进行管理和研究,或者表述为"对事物的一类属性进行综合".对一些事物的共有属性进行概括,利用学习者已有的认知结构形成新的概念称为概念同化,是上位学习.

语言与思维的发展互为因果.经验论学说认为思维是语言运用的结果和产物,人类不同的语言决定了大脑组织知识的方式不同,进而决定了人的思维观念和思维方式,影响人们对事物的认识和解决问题的策略与路径.结构论学说认为语言既与大脑相关又反映人的心理状态,是人的生物属性和心理属性的最佳耦合点,人类语言的本质和运用语言的能力由知识结构决定.因此,语言的发展及其熟练使用的过程,是洞悉人类的思维规律、心智结构和普遍逻辑的关键所在.

【11 人工认知】　人类的科学与技术,归根结蒂是围绕“生存”和“发展”两个维度演化和发展的.其中,在发展的维度上,延展人类自身的机能是亘古至今的不变追求.从工具的使用时代,到电气化时代,人类所有的努力均以拓展自身体能为目的.电子计算机的诞生,让人类对拓展自身的智能充满无限遐想,从早期的感知器和人工神经网络,到今天的深度学习,人类建构人工大脑的工作从未间断.

早在 1982 年,美国管理学家、认知心理学家,图灵奖(1975)和诺贝尔经济学奖(1978)获得者西蒙(Herbert A. Simon)就提出了**人工科学**(Artificial Sciences, AS)的概念,对机器智能的基础理论进行了系统研究,着重从人类心智与社会经济的关系、认知科学与计算机科学的相互作用原理等方面,对人工科学的基本范畴和心智计算理论问题进行了深入讨论.

一般而言,关于人的意识和思维过程的计算机程序模拟,以及关于怎样表示知识、怎样获得知识并使用知识的人工科学通称为**人工智能**(Artificial Intelligence, AI).当前,以“人工智能”为标签的研究与技术成果已经成为人们热议的话题(不论是严肃的学术报告会场,还是普通百姓茶余饭后的闲聊).但是,究竟什么样的研究与技术成果才是人工智能? 人工智能的进化是否也和人类自身一样由“基因”与“环境”的交互影响决定? 或者说,如何描述人工智能进化的机理? 人们的共识已经聚焦于数学原理与计算机程序的结合.然而,不得不说“数学”并没有准备好,至少目前数学还不能提供一个能够深刻描述人工智能问题的统一的语境场.

当代思想家、语言学家和认知心理学家平克(Steven Pinker),在其《心智探奇——人类心智的起源与进化》一书中,在分析论述人类心智的视觉感知、推理、情感和社会关系四种能力的本质、特征和意义的基础上,对心智计算理论、心智反求工程以及心智与数学和逻辑学若干主题的关系进行了深入的讨论.近年来,人工智能领域的著名学者,Margaret A. Boden,Pedro Domingos,Nils J. Nilsson,Ray

Kurzweil 等,均以反求工程的视角对人脑模型的数学理论各自做出了顶层描述,均将人工智能的希望寄托在认知科学与数学、计算机科学的深度融合之上. IBM 的科学家则以**认知计算**(Cognitive Computing,CC)作为自己智能系统科学的理论标签,关注认知科学与数学、计算机科学的深度融合问题;认知计算强调机器智能的规模化学习、有目的推理、与人类自然交互,是现阶段关于智能反求工程和人脑模型数学理论较为系统的顶层描述.

认知科学的研究表明,智能和认知是不同层次的分析,智能包含认知要素,但不是认知要素的叠加.早期的认知理论认为"认知(思维)的本质就是计算",借此推动"计算机人脑模型"的发展,将人工智能理解为算法与程序.这种观点有一定的合理性,但是有失偏颇.在人的认知过程中,情感、意向、意义和价值判断深刻地介入认知活动,对思维进程实时控制.**人工认知**(Artificial Cognition,AC)是人工智能的基础,是以人类自身的认知机能为本体论研究对象,基于认知本体论原理,以机器学习与知识描述为主要目标,模拟人的感知、统觉、记忆、判断等认知操作与分析、综合等简单的思维活动.在人工认知的基础上,人工智能通过自律与主动纠错的自学习工程模拟人的复杂思维与问题解决,不仅是模拟解决结构化问题的思维过程,对非结构化问题亦有良好的理解和判断.更高级的人工智能,不仅要涵盖认知与智能,更需自生态度、价值判断与情感表达等,模拟人的非智力生理心理过程.

目前,**数据科学**(Data Science,DS)是人工认知最活跃的基础领域.自电子计算机诞生以来,人类便产生了一种"执念",一旦数据与其代表事物的关系被建立起来,将为其他领域与科学提供借鉴,延伸统计学的方法,通过数据的变换、计算和管理,在数据挖掘技术与机器学习的推动下,人类终将赋予机器强大的智能.数据科学的终极目的是建构人工认知的数学语言系统,在人类已有的自然语言和数学语言的基础上,通过重组、诠释和拓展,建构机器学习与智能算法理论恰定的语境场和符号语言系统.换句话讲,数据科学在研究数据含义、类型、属性、状态的变化形式和变化规律的同时,也为自然科学和社会科学的研究提供新的思想、方法和工具,通过机器学习和人工智能算法提高人类自身智能活动的效率.

【12 人工认知的本体论原理】　科学研究源于问题,问题生于特定的论域.

所谓问题,指主体关于论域的经验事实与理论的相容性,换句话讲,主体的问题是主体当前的感知经验与自身知识结构之间存在一定的认知差异的表现,即主体无法利用自身的知识结构理解并同化的经验事实.

对于问题的科学研究,首先要界定研究对象的范围,称为论域.注意,论域总是特定问题的论域.论域是一个集合,没有问题就不存在所谓的论域;但是,在一个本体论集合上可能会产生不同的问题,也就是说,一个集合称为论域的必要条件是附加了相应的问题.

主体对于感知与经验的相容性或差异进行的自觉、理性、系统的思考,往往转化为论域上知识体系的逻辑自洽性、洞察力、精确度和统一性,以及论域上不同知识体系之间的相容与竞争关系的讨论.

所谓科学研究,是主体探索和认识客观事物的内在本质和运动规律、完善认知的系列活动,根本目的在于求索问题的答案,通过以问题为核心的论域上的调查与试验,经过语言学、逻辑与认知科学、问题的学科领域范式和数学科学等多维度描述与推论,在数据科学的辅助下,消除认知差异,获得符合经验与逻辑的规律性、结构性、关键性的认知结论.

关于认知的如下事实影响人们对论域概念的理解:

(1)认知是建立在主体自身感知系统或借助物理技术延伸的感知系统之上的.

(2)人类对事物或事件的认知受其效应的影响,这种效应是人类对连续的时间或空间因素的自觉或不自觉的"模糊粒化"处理的结果.

认知的结果由概念或概念族表达,这两个事实表明人类的认知与理解遵循适度概括的准则,要求被研究的对象或事物是可以辨识的.不可辨识的对象或事物不可能直接进入人的认知活动中.因此,从认知本体论观点出发,感知系统不能辨识的事物不是有效的研究对象,论域中的每一个对象都应该是可识别的.用数学语言表达,则为论域是一个可列集,不妨记为 $U = \{u_i\}_{i=1}^{\infty}$.

对一个问题的研究,往往归结为对若干主题的讨论.所谓主题,从认知科学的角度理解,是思维活动对问题的聚焦过程,旨在确定问题的核心、讨论的主旨、思想的中心、工作的重心.对一个主题的认知过程通常也是相关概念形成的过程.根据认知心理学对概念形成过程的讨论,在人工认知的建构过程中,由数学语言和技术表达一个概念,应当遵循认知本体论原理,包括:

(1)*概括原理*　概念的形成是通过综合与分析两种思维过程实现的.综合是对事物的归纳与概括,丰富其外延认知,促进了概念的同化;分析是对事物的解析与划分,丰富其内涵认知,促进了概念的分化.综合和分析是相互转化和渗透的,在思维过程中是辩证统一的. 一个概念的形成, 是一定认知阶段上信息的适度概括, 没有概括就不会有理解, 概括是分化与同化的暂时平衡.

（2）**对合原理** 在概念形成过程中, 解析与概括之间的差异是思维的技术性差异, 不同技术产生的信息, 在思维运动中以概念的内涵与外延对合为目标纠缠运动, 概念的内涵描述与外延描述的事项必须一致.

（3）**反变原理** 一个完整的概念由内涵与外延二元表达. 概念的同化进程要求缩减内涵, 结果必然导致外延扩张; 概念的分化进程要求增加属性限制, 即内涵扩张, 其结果是外延的收缩.

（4）**极限原理** 概念的同化与分化存在确定的极限状态, 同化的极限是形成 "论域是一个整体" 的认知, 分化的极限形成 "论域中每一个个体各不相同" 的认知.

2.2 因素的基本运算

【**13 因素**】 狭义的理解, 因素是决定事物发展的原因、条件, 或构成事物的要素、成分. 人们对 "因素" 一词科学意义的理解与运用, 或许要追溯到现代遗传学之父孟德尔（Gregor Johann Mendel）的研究工作. 在现代遗传学理论中, 基因是揭示生物奥秘的钥匙, 其初始称谓即为**孟德尔因素**（Mendelian Factor）. 在统计学领域, 英国理论和实验心理学家斯皮尔曼（Charles Edward Spearman）的**因素分析**（Factor Analysis）, 更是将 "因素" 直接作为分析与思维操控的对象, 建立起了一种多变量解析手段, 广泛应用于事物构成成分的辨识与理解.

在认知科学领域, **因素**（Factor）可以理解为科学思维的 "广义基因", 是联系综合与分析两种思维过程的 "终极性" 的纽带. 事物的 "因素表达" 是形成事物的各自**属性**（Attribute）或**状态**（State）的基本方法. 也就是说, 因素是揭示事物的属性或状态的认知工具.

从数学的观点来看, 因素是一种特殊的映射, 是科学研究从本体论到数据科学的 "万象之源".

定义 2.1 设非空集合 U 为论域, I 为论域上一类性态的集合, 从论域 U 到 I 的一个满射

$$f : U \to I$$

称为 U 上一个因素,其中,

$$I = \{f(u) \mid u \in U\} \stackrel{\text{def}}{=\!=\!=} I_f$$

称为因素 f 的**相空间**(Phase Space),$f(u)$ 为 u 的**相态(属性或状态)**.

因素的概念类似于统计学中的"指标",区别在于指标是说明总体数量特征,而因素不仅描述数量特征,也描述非数量特征.因素的概念可以理解为经典变量概念的拓展.

若因素的相态是数值表达的,不妨称为**数值因素**.数值因素和统计学中的"指标"的概念义旨一致,可以理解为随机变量,按度量尺度可划分为称名、等级、等距和比率变量 4 种类型.显然,称名、等级、等距变量是离散型随机变量,比率变量是稠密或连续型随机变量.不仅如此,因素的相态可以是文本、图像、音频、视频或Web 资料等,称此类因素为**非数值因素**.用相空间统一描述因素 f 的值域或状态空间,强调在因素 f 上论域 U 的"破碎"程度和相态分布特征的信息价值.

一个因素总是特定论域上问题的因素,离开问题和论域谈论因素是没有意义的.

在论域上,由问题诱发的科学研究过程,不可回避"论域的结构"对研究过程和研究结论的影响,以及对"背景关系"的认知缺失,感知过程中事物表象的不确定性带来的矛盾与冲突.藉由因素模拟人类感知,主要面临下列三类困扰:

(1)**随机性**　随机性的本质是信息或经验缺失导致的认知不确定性,对现象或过程而言是机理不清,对概念而言是内涵失恰.

一般而言,科学研究的基础性工作是感知客观事物,或者说有目的的系统观测,观测的结果通常称为信息或数据.人工认知是基于信息或数据的概念建构与知识描述过程,包括在此基础上的判断与推理.仅就概念形成而言,外延性认知必归结为论域 U 上某个子集 A 中所有个体共有属性的概括,记为 $\alpha(A)$,概念 $\alpha(A)$ 的形成依赖感知经验,感知过程中出现的随机不确定性,可以理解为对 $\alpha(A)$ 进行的统计试验中事件 A 的概率使然.从现象学的角度理解,随机性是观测的有限性、局部性的反映.从逻辑学的观点来看,随机性是因果律的破缺.因此,藉由因素表达人工认知问题,概率论原理和统计学技术是不可或缺的数学基础.

(2)**模糊性**　模糊性的本质是事物表象的认知不确定性,反映的是连续性或稠密性的截断效应.

理论上,连续值或稠密值变量对事物属性或状态的刻画是具体的,足够的精确度的度量可以逐一分辨论域 U 中不同的个体,因而不能直接描述论域 U 上抽象的概括性概念,不能直接给出论域 U 的划分.从现象学的角度理解,模糊性是概念外延的不确定性.从逻辑学的观点来看,模糊性是排中律的破缺.由认知本体论概括原理,相态连续或稠密的因素,其认知功能的实现必定要经过适度的"粒化"或"离散化".利用模糊分析的思想、原理和方法理解这种"粒化"或"离散化"表达,是从人类自身认知过渡到人工认知的基本路径.应用中,由于连续值或稠密值变量的全序性,模糊分类或模糊等级概括在模拟人的判断与决策方面独具魅力.

（3）**非结构化**　非数值因素 f,即相态为文本、图像、音频、视频或 Web 资料等形态时,对事物属性或状态的刻画是非结构化的,不能直接描述论域 U 上的有关概念.

目前,应用问题中处理非数值因素,一般的方法是根据因素相态的内部结构和度量特征进行结构化变换,非数值因素需要转化为数值因素,方可藉助数据科学的理论与方法实现认知目的.在从非结构化到结构化的过程中,产生的分级结构、嵌入式结构、藤或丛结构的概念与知识表达系统,要求人工认知必须面对超结构数学理论.

为叙述简便,下文讨论因素的基本认知运算问题,总是假定因素的相态是称名或顺序的.

【14 因素的认知功能】　所谓因素的认知功能,指因素在人工认知的概念表达过程中所发挥的基本作用,以及由此拓展出来的对知识系统的描述能力.

概念由内涵与外延描述,内涵揭示事物的本质"特征",外延形成事物"类"的表达.

为表述简单和方便,假定因素 f 是称名变量,则因素 f 的认知功能如下:

（1）因素 f 是论域 U 的划分工具,由因素 f 的每一个相态 $x \in I_f$,都可以确定论域 U 的一个等价类,即

$$[x]_f = \{u \mid f(u) = x \in I_f\} \subset U$$

亦即

$$\forall u_1, u_2 \in U, \quad u_1 \neq u_2, \quad f(u_1) = f(u_2) = x, \quad 则 u_1, u_2 \in [x]_f$$

因素确定的是分类准则,属性或状态确定具体的事物类.

假定 $I_f = \{x_1, x_2, \cdots, x_s\}$,不妨借用商集代数的语言,$U/f = \{[x_1]_f, [x_2]_f, \cdots, [x_s]_f\}$ 构成论域 U 的一个分割,称为论域 U 关于因素 f 的商集.

（2）因素 f 是概念的本位属性限定工具. 记

$$[x]_f = \{u_1, u_2, \cdots, u_m\} \subset U$$

表示论域 U 中的一类事物, 显然

$$f([x]_f) = x$$

表明, 因素 f 揭示了这一类事物的共有属性 x, 因素 f 定义了"以 U 为上位概念, x 为本位属性"的新概念.

综上（1）（2）, 关于事物的概念, 完整的认知映像由内涵与外延两个方面构成, 或者说一个概念是其内涵与外延的偶对. 一个由因素 f 描述的、以相态 x 为本位属性、等价类 $[x]_f$ 为外延的基本概念记为

$$\alpha_f(x) = (x, [x]_f)$$

因素 f 揭示概念 $\alpha_f(x)$ 的内涵, 即

$$\text{存在 } u \in U, f(u) = x$$

商集 U/f 表示由因素 f 定义的所有"以 U 为上位概念"的概念族, 商集 U/f 中的一个等价类 $[x]_f$ 是这一概念的外延.

用等价类描述概念的外延存在一定的局限性, 不能准确描述不同类型因素在概念形成过程中所起的作用. 但是, 从认知本体论的观点来看, 这里揭示出的因素的认知功能对各类因素义旨相通.

约定两个特殊因素:

（1）**零因素**（Minimum Factor）, 记为 o, 相空间 $I_o = \{\text{NoN}\}$ 非空, 其认知特征是 $U/o = U$, 从数学观点理解, 此时的 U 是无结构的集合.

应用中, 相态 NoN 用来描述所研究问题的"原始概念"或"根节点", 在论域 U 上关于 NoN 的讨论都是下位学习.

另外, 约定 NoN 是任何一个因素 f 的相空间 I_f 中的共有元素, 寓意任何一个因素 f 在应用中都有被"空置"的可能, 此时 NoN 可以表示因素 f 的缺失值.

（2）**全因素**（Maximum Factor）, 记为 e, 相空间 I_e 同论域 U 对等, 即 I_e 和 U 之间存在一一映射, 其认知特征是 $U/e = \{\{u\}\}_{\forall u \in U}$, 即 $\forall u_1, u_2 \in U$, 若 $u_1 \neq u_2$, 则 $e(u_1) \neq e(u_2)$. 全因素 e 能够"完全或完备化"认知论域中的任何一个对象, 在 U 的幂集 $\mathscr{P}(U)$ 中理解, 此时的 U 是特定结构关系中的集合.

因素 o 和 e 称为非平凡因素, 除此之外均为平凡因素.

【**15 因素的回溯**】　商集代数中, 一个等价关系是定义在给定集合上的特殊二

元关系,商集是由等价关系定义的集合划分的结果.而因素是从本体集合到性态表征值集合的映射,前文讨论因素的认知功能借用了商集代数的U/f的形式语言表达和等价类的概念,在单因素讨论中不会产生歧义.但是,在多因素分析中,特别是讨论因素之间的关联性问题时,必须回到因素共同的论域上,唯有如此方可认知因素之间的关联性.

定义 2.2 设$\mathscr{P}(U)$是论域U的幂集合,U上因素f的相空间为I_f.称映射

$$\overleftarrow{f}:I_f\to\mathscr{P}(U)$$

为因素f的**回溯**(Recall),满足

$$\forall x\in I_f,\quad \overleftarrow{f}(x)=[x]_f\in\mathscr{P}(U)$$

因素f是从U到I_f的认知工具,而回溯$\overleftarrow{f}$是f的自伴随广义逆.

注意,回溯$\overleftarrow{f}$不是满射.回溯概念的引入,可以是因素f专注概念内涵的限定,而回溯$\overleftarrow{f}$担负起描述概念外延的任务.回溯的基本性质如下:

(1) $\forall x\in I_f,f(\overleftarrow{f}(x))=x$.

(2) $\forall [x]_f\subseteq U,\overleftarrow{f}(f([x]_f))=[x]_f$.

(3) $\forall x,y\in I_f,x\neq y,\overleftarrow{f}(x)\bigcap\overleftarrow{f}(y)=\varnothing$.

概念的对合性成就了因素与其回溯之间的偶对$(f,\overleftarrow{f})$联结,回溯$\overleftarrow{f}$是因素f描述概念外延时的显化工具.由性质(2)和(3)可知,$R=f\circ\overleftarrow{f}$是论域$U$上的等价关系.

至此,容易理解

$$\begin{aligned}U/f=\overleftarrow{f}(I_f)&=\{\overleftarrow{f}(x_1),\overleftarrow{f}(x_2),\cdots,\overleftarrow{f}(x_s)\}\\&=\{[x_1]_f,[x_2]_f,\cdots,[x_s]_f\}\\&=\{[u_1]_R,[u_2]_R,\cdots,[u_s]_R\}\\&=U/R\end{aligned}$$

其中,

$$[u_i]_R=\{u=\overleftarrow{f}(x_i)\,|\,f(u)=x_i,u\in U\}$$

u_i是等价类$[u_i]_R$的代表元,代表元不唯一;而x_i则是等价类$[u_i]_R$唯一的"数字标

签",$[u_i]_R = [x_i]_f, i=1,2,\cdots,s.$

回溯的概念突破了商集与等价类概念的局限,其本质是在论域中寻找具有"相同基因表达"的"血缘亲人",即同类认知.概念是内涵与外延的偶对.在接下来的讨论中,可以将因素理解为内涵的认知与描述工具,因素的回溯则是外延的辨识和描述工具.

公理(发现公理)　$\overleftarrow{o}(\text{NoN}) = U, \overleftarrow{e}(x) = \varnothing.$

公理 $\overleftarrow{e}(x) = \varnothing$ 的意义是全因素 e 的回溯不能在论域 U 发现以 x 标识的对象的等价类.

【16 因素的认知运算】　认知的基础是比较,比较过程中对事物之间差异的感知以及基于记忆和感知的判断、语言、意象与统觉奠定了推理的主体经验基础,概念的建立意味着对事物特征的固化,是认知过程的一个阶段性理论成果,构成主体知识系统或认知结构的新节点.

统觉是主体经验对知觉信息的应激响应,是基于经验建立起来的"认知阈"功能.思维和知觉在信息加工与处理方面的不同,显在的区别在于,知觉是主体对单因素信息的接收和理解过程,思维则是对多因素信息的加工与处理.从人工知觉到人工思维,讨论因素对事物的影响,不只是属性或状态,更重要的是基于属性或状态描述的主体效应.在数学上,不论是单因素还是多因素效应的描述,其讨论均可归属泛函数理论中的度量技术,藉此实现统觉和统觉的"认知阈",为更高级的思维模拟奠定基础.

因此,我们藉希望于因素的**认知运算**,由因素操作表征的比较、判断、解析、整合、推理等心智活动来实现"统觉建构(Apperception Construction)",对多源或多因素的知觉信息超越感知,按主体已有的经验、知识、兴趣、态度做出内容与倾向选择.

人工认知的根本目标是建立论域上的概念与知识体系.因素的认知运算,归根结蒂是在认知本体论原理基础上,一体化描述论域、概念的内涵表达系统、外延表达系统和数据分析与处理系统之间的根本联系,建立上述 4 个思想范畴之间统一和谐的数学语言框架.

下面的讨论,定义因素的基本认知运算,包括两个因素的相等、大小、析运算、合运算、补运算,更复杂的运算可以在此基础上实现.

【17 因素的相等】　应用中,两个因素 f 和 g 在表现形式上可能是不同的,若

要二者对概念内涵的认知一致,根据对合性原理,相空间必须对等,由 $\overleftarrow{f}$ 和 $\overleftarrow{g}$ 界定的外延必须相等.

定义 2.3 设 f,g 是论域 U 上的两个因素,若满足条件:

$$I_f = I_g(集合对等), \quad 且 \forall u \in U, \overleftarrow{f}(f(u)) = \overleftarrow{g}(g(u))$$

则称因素 f 和 g **相等**(Equation),记为 $f = g$.

定理 2.1(对合定理)

$$f = g \Leftrightarrow U/f = U/g$$

证明 由定义 2.3 和商集相等的概念结论显然.

【18 因素的顺序】 思维是主体意识的运动过程,受主体认知需求的引导.仅就概念建构而言,表现为概念的同化与分化两个方向上的动态平衡.概念的同化过程将下位概念归结为上位概念,对应的思维过程是综合,往往形成“类”的概念.概念的分化过程由上位概念形成下位概念,对应的思维过程是分析,通常形成“性质”的知识.从物理学的角度理解,任何运动都是能量场的性质,是力的表现.为表述方便,称改变概念形成过程中同化与分化动态平衡的内在认知需求为因素的“**思维力**(Thinking Demanding)”,分解为“**概括力**(Abstract Demanding)”和“**解析力**(Analysis Demanding)”两个分量.

在概念的同化与分化动态平衡的条件下,一个因素 f 的思维力是确定的,即

思维力＝概括力＋解析力

因素 f 在论域 U 中所定义的概念为 $\alpha_f(x) = (x, [x]_f)$,表明了一个因素的概括力和解析力存在反变关系.当因素的概括力较强时其解析力必弱;反之,概括力较弱时其解析力必强.

认知心理学研究表明,在人类的思维过程中,往往习惯性地优先选择分析,但有趣的是分析的统一以综合的统一为前提.也就是说,分析在“前台表演”,综合在“后台导演”.前文将因素 f 定义为从论域 U 到性态集 I 的一种特殊的映射,因素认知直接表征的是“概念的本位属性”,显化了因素的解析力,隐化了概括力,因素主要作为概念内涵的认知与描述工具.

概念的同化是在抽象的基础上进行的综合,概括提升的是决策力;概念的分化则是属性的细划分析,解析增加的是知识量.无论是提升决策力还是增加知识量,通过对事物的相互比较,形成差异认知,利用差异信息形成概念是人类最普遍的认

知技能.

　　因素的顺序反映因素思维力的动态趋势.因此,基于反变原理以解析力的强弱定义两个因素的大小关系是一种合理的人工认知技术选择.

　　定义 2.4　$\forall u \in U, f(u) = x \in I_f, g(u) = y \in I_g$. 若 $\forall x \in I_f$,存在 $y \in I_g$,使 $\overleftarrow{f}(x) \subset \overleftarrow{g}(y)$,则称因素 g 小于因素 f,记为 $g < f$,表明因素 f 比因素 g 有更强的解析能力.

　　若 $g < f$ 或 $g = f$,合并记为 $g \leqslant f$.

　　定理 2.2(反变关系定理)　$g \leqslant f \Leftrightarrow U/f$ 是 U/g 的细分,即 $U/f \leqslant U/g$.

　　证明　由定义 2.4 和商集细分的概念,结论显然.

　　定理描述了概念的内涵与外延之间的反变关系,即内涵的增加(减小)导致外延的缩小(扩大).

　　定理 2.3(顺序定理)　对于任意的平凡因素 $f, o < f < e$.

　　证明　在论域 U 上,记因素 f 的商集为 U/f,由 f 的平凡性可知

$$U/f \neq U \quad 且 \quad U/f \neq \{\{u\}\}_{\forall u \in U}$$

由零因素 o 和全因素 e 的概念可知,$U/o = U$ 是论域 U 上商集族的泛上界,$U/e = \{\{u\}\}_{\forall u \in U}$ 是论域 U 上商集族的泛下界,进而由定理 1.5(2) 可知

$$U/e \leqslant U/f \leqslant U/o$$

于是,由反变关系定理 $o < f < e$.

　　【19 因素的析运算】　应用中,由两个不同因素 f 和 g 描述或揭示事物的共有属性,是人工认知的又一个关键技术.

　　定义 2.5　$\forall u \in U, f(u) = x \in I_f, g(u) = y \in I_g$,记 $h(u) = (x, y) \in I_f \times I_g$. 若 $\forall (x, y) \in I_f \times I_g$,有

$$\overleftarrow{h}(x, y) = \overleftarrow{f}(x) \bigcap \overleftarrow{g}(y)$$

则称 h 为因素 f 和 g 的**析因素**(Analysis Factor),记为 $f \wedge g$,称为**析运算**(And Operation).

　　因素 f 和 g 的析运算可以理解为二者的协同认知,主要服务于概念分化.

　　析因素 $f \wedge g$ 是一种笛卡儿乘积因素,$\forall u \in U, (f \wedge g)(u) = (f(u), g(u))$,即 $f \wedge g$ 的相空间 $I_{f \wedge g} = I_f \times I_g$.

　　定理 2.4(析运算基本定理)　析因素 $f \wedge g$ 对论域 U 的分割等于商集 U/f 与

U/g 的积,即

$$U/f \wedge g = U/f \circ U/g$$

证明 $\forall u \in U$,设 $f(u) = x, g(u) = y$,记 $[x]_f = [u]_f, [y]_g = [u]_g$. 由定义 2.5,
$(f \wedge g)(u) = (x, y)$,记 $[(x, y)]_{f \wedge g} = [u]_{f \wedge g}$.

又记 $A = \{[u]_f \cap [u]_g \mid \forall u \in U\} = U/f \circ U/g, B = \{[u]_{f \wedge g} \mid \forall u \in U\} = U/f \wedge g$.

因为

$$\forall w \in [u]_f \cap [u]_g \Leftrightarrow w \in [u]_f \text{ 且 } w \in [u]_g$$

$$\Leftrightarrow w \in [x]_f \text{ 且 } w \in [y]_g$$

$$\Leftrightarrow w \in [(x, y)]_{f \wedge g} (\text{定义 } 2.5)$$

$$\Leftrightarrow w \in [u]_{f \wedge g}$$

即 $[u]_{f \wedge g} = [u]_f \cap [u]_g$,所以 $A = B$,即 $U/f \wedge g = U/f \circ U/g$.

【20 因素的合运算】 应用中,汇总因素 f、g 和 $f \wedge g$ 的信息,是人工认知进行信息概括不可或缺的技术.

定义 2.6 $\forall u \in U, f(u) = x \in I_f, g(u) = y \in I_g$,记 $h(u) = (x, y) \in I_f \times I_g$. 若 $\forall (x, y) \in I_f \times I_g$,有

$$\overleftarrow{h}(x, y) = \overleftarrow{f}(x) \cup \overleftarrow{g}(y)$$

则称 h 为因素 f 和 g 的**合因素**(Composite Factor),记为 $f \vee g$,称为**合运算**(Or Operation).

因素 f 和 g 的合运算主要服务于概念同化,合因素 $f \vee g$ 的概括力较因素 f 和 g 更强.

合因素 $f \vee g$ 也是笛卡儿乘积因素,$\forall u \in U$

$$(f \vee g)(u) = \begin{cases} (f(u), \text{NoN}), & f \neq o, g = o \\ (\text{NoN}, g(u)), & f = o, g \neq o \\ (f(u), g(u)), & f, g \neq o \end{cases}$$

即 $f \vee g$ 的相空间 $I_{f \vee g} = I_f \times I_g$.

定理 2.5(合运算基本定理) 合因素 $f \vee g$ 对论域 U 的分割等于商集 U/f 与 U/g 的和,即

$$U/f \vee g = U/f + U/g$$

证明 $\forall u \in U$,设 $(f \vee g)(u) = (x, y)$,记 $[(x, y)]_{f \vee g} = [u]_{f \vee g}$,由定义 2.6,令 $A = \{[u]_f \cup [u]_g \mid u \in U\}, U/f \vee g = \mathscr{K}(A), \mathscr{K}(A)$ 是 A 的不相交并集族.

$\forall u,v\in U$，设 $f(u)=x,g(v)=y$，记

$$[x]_f=[u]_f,\quad [y]_g=[v]_g,\quad U/f=\{[u]_f|u\in U\},\quad U/g=\{[v]_f|v\in U\}$$

令

$$B=\{[u]_f\bigcup[v]_g|u,v\in U \text{ 且 }[u]_f\bigcap[v]_g\neq\varnothing\}$$

则 $U/f+U/g=\mathcal{H}(B)$，$\mathcal{H}(B)$ 是 B 的不相交并集族.

因此，只需证明集族 $A=B$，便有 $\mathcal{H}(A)=\mathcal{H}(B)$.

显然，$A\subseteq B$. 故只需证明 $B\subseteq A$.

由 $[u]_f\bigcup[v]_g\in B$，$[u]_f\bigcap[v]_g\neq\varnothing$ 可知，存在 $w\in[u]_f\bigcap[v]_g$，即 $w\in[u]_f$ 且 $w\in[v]_g$，亦即 $[w]_f=[u]_f$ 且 $[w]_g=[v]_g$，所以 $[u]_f\bigcup[v]_g=[w]_f\bigcup[w]_g\in A$，即 $B\subseteq A$.

所以，$\mathcal{H}(A)=\mathcal{H}(B)$，即 $U/f\bigvee g=U/f+U/g$.

2.3　泛因素空间

【**21 因素空间**】　由 2.2 节的讨论可知，因素是认知工具，在应用中更多的是将因素作为概念内涵的描述工具.

记在论域 U 上的、与问题相关的所有可能因素组成的可列因素族为 $\mathscr{F}=\{f_j\}_{j=1}^{\infty}$.

由 2.2 的讨论中，定义了 $\mathscr{F}$ 上两个因素之间的相等、顺序、析运算与合运算. 下面讨论 $\mathscr{F}$ 的代数结构.

定理 2.6　代数系统 $(\mathscr{F},\leqslant)$ 是一个格.

证明　首先，证明 $\mathscr{F}$ 是一个偏序集. 由定义 2.3 和定义 2.4，显然因素之间的"$\leqslant$"关系满足反身性，即 $f\leqslant f$.

若 $g\leqslant f$ 且 $f\leqslant g$，由定理 2.2 可知

$$g\leqslant f\Leftrightarrow U/f\leqslant U/g$$

$$f\leqslant g\Leftrightarrow U/g\leqslant U/f$$

又由定理 1.1 可知 $U/f=U/g$，再由定理 2.1 可知 $f=g$，即"$\leqslant$"关系满足反对称性.

类似的，可证"$\leqslant$"关系满足传递性，即当 $g\leqslant f$ 且 $f\leqslant h$ 时，必有 $g\leqslant h$.

所以,$\mathscr{F}$ 是一个偏序集.

再证,$\forall f,g \in \mathscr{F}$,l. u. b. $\{f,g\}$ 和 g. u. b. $\{f,g\}$ 存在.

实际上,由定理 2.4 可知

$$U/f \wedge g = U/f \circ U/g$$

由定理 1.3 和定义 1.8 可知,$U/f \circ U/g$ 即 $U/f \wedge g$ 是 $\{U/f, U/g\}$ 的下确界(最大下界). 进而,由定理 2.2 可知 $f \wedge g$ 是 $\{f,g\}$ 的最小上界,即存在 l. u. b. $\{f,g\} = f \wedge g$.

同理可证,存在 g. u. b. $\{f,g\} = f \vee g$.

所以,代数系统 $(\mathscr{F}, \leqslant)$ 是一个格.

定理 2.6 表明,因素的析、合运算是格 $(\mathscr{F}, \leqslant)$ 上的自然运算. 容易证明,下列运算性质成立:

(1) **第一吸收律** $g \leqslant f \Leftrightarrow f \wedge g = f, g \leqslant f \Leftrightarrow f \vee g = g$.

推论 $f \wedge o = f, f \wedge e = e; f \vee o = o, f \vee e = f$.

(2) **顺序律** $f \leqslant f \wedge g, g \leqslant f \wedge g; f \vee g \leqslant f, f \vee g \leqslant g$.

推理 $o \leqslant f \vee g \leqslant f$(或 g)$\leqslant f \wedge g \leqslant e$.

(3) **幂等律** $f \wedge f = f; f \vee f = f$.

(4) **交换律** $f \wedge g = g \wedge f; f \vee g = g \vee f$.

(5) **结合律** $(f \wedge g) \wedge h = f \wedge (g \wedge h); (f \vee g) \vee h = f \vee (g \vee h)$.

(6) **第二吸收律** $f \vee (f \wedge g) = f, f \wedge (f \vee g) = f$.

定理 2.7 代数系统 $(\mathscr{F}, \leqslant)$ 是一个有界格.

由定理 2.3 及顺序律结论显然.

定义 2.7 若因素 f 和 g 满足关系 $f \vee g = o$,则称因素 g 为因素 f 的**左补因素**(Left Complement Factor),记为 $g = f^-$.

定理 2.8(左补基本定理) $g = f^- \Leftrightarrow U/(f \vee g) = U$.

证明 由零因素定义与合运算基本定理,结论显然.

一个因素的左补因素总是存在的,零因素是任何一个因素的非平凡左补因素. 一个有限相态的因素其平凡左补因素存在但不唯一.

定义 2.8 若因素 f 和 g 满足关系 $f \wedge g = e$,则称因素 g 为因素 f 的**右补因素**(Right Complement Factor),记为 $g = f^+$.

命题 2.9(右补基本定理) $g = f^+ \Leftrightarrow U/(f \wedge g) = \{\{u\}\}_{\forall u \in U}$.

一个因素的右补因素总是存在的,全因素是任何一个因素的非平凡右补因素.

在可列论域上,一个有限相态的因素其平凡右补因素不存在;在有限论域上,一个有限相态的因素其平凡右补因素存在但不唯一.

讨论有限论域上右补因素的存在性问题,在数据挖掘与机器学习算法建构研究中是有意义的.在此类问题中,由有限个因素构建的算法 $\mathscr{A}$ 的训练集 $\mathscr{D}=\prod_{f_j\in\mathscr{F}}I_j$ 是各因素相空间的笛卡儿积,一般是有限集.因素 f 和 g 的析因素 $f\wedge g$ 具有更强的辨识能力.右补因素存在但不唯一说明,对于因素 f,存在不同的选择,使 $f\wedge g=e$,即算法 $\mathscr{A}$ 能够在训练集 $\mathscr{D}$ 上可以实现完全的辨识和学习.因此,算法 $\mathscr{A}$ 的泛化能力取决于训练集 $\mathscr{D}$ 对论域的代表性.

定义 2.9　若因素 g 既是因素 f 左补,又是右补,即

$$f\vee g=o \quad 且 \quad f\wedge g=e$$

则称 g 为 f 的**补因素**(Complement Factor),记为 $g=f'$.

显然,因素 f 和 g 是互补的.求一个因素的补因素亦可称为**补运算**(Completion Operation).

注意,因素的补因素问题的复杂性远超出想象.一般情况下,在可列论域上,一个有限相态的因素不存在有限相态的补因素;在有限论域上,一个有限相态的因素存在有限相态的补因素但不唯一.

定理 2.10　因素的补运算有下列性质:

(1) 设 $f<g$,若存在 $f',g'\in\mathscr{F}$,则 $g'<f'$.

(2) 设 $f,g\in\mathscr{F}$,若存在 $f',g'\in\mathscr{F}$,则

$$(f\vee g)'=f'\wedge g',(f\wedge g)'=f'\vee g'.$$

在思维过程中,视角的转换,特别是相互对立的两个关注点之间的转换,往往是思维突破的契机,补因素是人工认知描述视角转换过程的数学语言和技术.

定义 2.10　称有界格 $(\mathscr{F};\wedge,\vee,o,e)$ 为定义在论域 U 上的**因素空间**,简记为 $\mathscr{F}$.

特别强调,因素空间是一个有界格,可以讨论补因素与补运算问题,但因素空间不是有补格.另外,补因素的唯一性是分配律成立的必要条件,因此分配律

$$f\wedge(g\vee h)=(f\wedge g)\vee(f\wedge h),f\vee(g\wedge h)=(f\vee g)\wedge(f\vee h)$$

是不成立的.

因此,基于 2.1 节的认知本体论原理,按 2.2 节的技术路线建构起来的因素空

间 $\mathscr{F}$ 不是一个布尔代数,这是本书同因素空间经典理论的区别所在.

定理 2.11 设 $\mathscr{F}$ 为 $U=\{u_j\}_{j=1}^{\infty}$ 上的因素空间,则存在有限个有限相态的因素族 $f_{i_1},f_{i_2},\cdots,f_{i_N}\in\mathscr{F}$,使 $f_{i_1}\vee f_{i_2}\vee\cdots\vee f_{i_N}=o$.

证明 不妨记 $f_1=f_{i_1},f_2=f_{i_2}\vee\cdots\vee f_{i_N}$,假定

$$U/f_1=\{A_1,A_2,\cdots,A_r\},r<\infty$$

在 $A_1,A_2,\cdots,A_r$ 中至少有一个子块为无穷可列子块,不妨设 A_r 为无穷可列子块.

构造因素 f_2,不妨记

$$U/f_2=\{B_1,B_2,\cdots,B_s\},s<\infty$$

只需取

$$u_{r_1},u_{r_2},\cdots,u_{r_s}\in A_r$$

使得

$$u_{r_1}\in B_1,u_{r_2}\in B_2,\cdots,u_{r_s}\in B_s$$

则

$$U/(f_1\vee f_2)=U/f_1+U/f_2=U=U/o$$

即 $f_{i_1}\vee f_{i_2}\vee\cdots\vee f_{i_N}=o$.

定理 2.12 设 $\mathscr{F}$ 为定义在论域 $U=\{u_j\}_{j=1}^{\infty}$ 上的因素空间,则不存在有限个有限相态的因素族 $f_{i_1},f_{i_2},\cdots,f_{i_N}\in\mathscr{F}$,使 $f_{i_1}\wedge f_{i_2}\wedge\cdots\wedge f_{i_N}=e$.

证明 结论显然. 否则,若存在有限相态的因素族 $f_{i_1},f_{i_2},\cdots,f_{i_N}$,使 $f_{i_1}\wedge f_{i_2}\wedge\cdots\wedge f_{i_N}=e$,则

$$U/(f_{i_1}\wedge f_{i_2}\wedge\cdots\wedge f_{i_N})=U/f_{i_1}\circ U/f_{i_2}\circ\cdots\circ U/f_{i_N}=U/e=\{\{u\}\}_{\forall u\in U}$$

与笛卡儿积 $I_{i_1}\times I_{i_2}\times\cdots\times I_{i_N}$ 仅有有限个相态组合矛盾.

定理 2.12 表明,对任何一个有限相态的因素,不存在有限相态的补因素.

定义 2.11 设 $\mathscr{F}$ 为定义在论域 $U=\{u_j\}_{j=1}^{\infty}$ 上的因素空间,若存在有限相态的可列因素族 $\{f_j\}_{j=1}^{\infty}$,使

$$\lim_{N\to\infty}\bigwedge_{j=1}^{N}f_j=e$$

则称该子列 $\{f_j\}_{j=1}^{\infty}$ 为 $\mathscr{F}$ 中的**完备子空间**.

对任何事物,只要不断地汇集不同视角的概括性(有限相态的因素)认知,总能渐进地实现对事物细节的掌握. 完备子空间表达的正是这样一种认知信念.

【22 泛因素空间】 从数据科学应用的视角,关于因素及其认知运算的讨论涉

及四个不同的集合范畴:

(1) **本体对象集**　指全体研究对象的本体论集合,即论域 U.

(2) **因素空间**　前文已述,因素空间 $\mathscr{F}$ 为定义在论域 U 上的、与问题相关的所有可能因素组成的可列因素族.关于因素的折、合运算构成的有界格.

因素是认知工具,具体地讲是概念内涵的描述工具.

因素的分析和运算旨在揭示论域上概念的本质属性,以及概念和概念之间的逻辑与结构关系,因素空间的作用在于承载并描述概念和知识的结构性、规律性认知.

(3) **数据空间**　在因素空间 $\mathscr{F}$ 中,对论域 U 中任意一个对象 u,因素 f_j 的相空间 I_j 是 u 的 f_j 表征值集合,是一元数据集合.

记因素空间 $\mathscr{F}$ 中所有因素的相空间的笛卡儿积为 $\mathscr{D} = \prod\limits_{f_j \in \mathscr{F}} I_j$,显然

$$\forall u \in U, (f_1(u), \cdots, f_n(u), \cdots) \in \mathscr{D}$$

不妨称 $\mathscr{D}$ 为论域 U 上由因素空间 $\mathscr{F}$ 建立的**数据空间**.

数据空间是数据科学的研究对象.经典的统计数据分析技术有两个体系性假设:一是线性空间假设,以 Gram 矩阵分析为核心的广义多元分析构成了数据挖掘、机器学习的基本技术架构;二是布朗运动假设,更具体地讲,从高斯误差模型到维纳过程,再到混沌过程,奠定了系统不确定性分析的理论架构.然而,在这两个看似不同的体系性假设中,关于变量之间的相关性和样本之间等价关系的讨论始终都是核心问题.从人工认知的观点理解和重构数据科学的技术体系,不能局限在数据空间上.数据的本质是不同对象的性态表征,是一个映射值.本书的基本观点是:变量之间的关系必须从性态表征值回溯到本体论域中考察,简单地在数据集上的直接处理难以直达本质;同样,样本之间等价关系的建立亦须在本体论域上进行.换句话讲,任何数据分析与处理的结果必须有本体论的合理解释,不仅是模型逼近和误差控制的问题.这可以理解为基于数据空间的人工认知过程的基本思想原理.

(4) **外延空间**　更完整的表达是因素空间 $\mathscr{F}$ 的外延空间,指论域 U 的幂集合 $\mathscr{P}(U)$.

基于数据空间的概念生成,其外延必定对应论域的某一个子集,而外延空间承载了论域所有可能的概念外延,并为基于数据的概念、知识、辨识和决策赋予了本体论意义.

在人工认知框架下的数据科学研究中,论域 U、因素空间 $\mathscr{F}$、数据空间 $\mathscr{D}$ 和外延空间 $\mathscr{P}(U)$ 四个不同的集合范畴是一个整体.人工认知的概念以论域和外延空间之间的自然联系为先验知识.2.2 节的讨论基于四个认知本体论原理,用严格的数学语言定义了因素与回溯;因素联系了论域和数据空间,回溯则联系了数据空间与外延空间,因素 f 和回溯 $\overleftarrow{f}$ 的复合 $f \circ \overleftarrow{f}$ 构成论域 U 上的等价关系,反之 $\overleftarrow{f} \circ f$ 则保证了基于数据的概念与知识表达有可靠的本体论意义.约定了发现公理,既是本体论极限原理的数学重述,也反映了概括与分析的义旨一致性;定义了因素相等、因素之间的序、因素的析运算、因素的合运算、因素的补运算等因素的基本认知操作;相等和序的概念建立比较分析的基本语言,析运算、合运算规定了信息变换、关联分析、因果分析的基本认知操作,补运算方便认知视角的变换;对合定理、反变关系定理、顺序定理、析运算基本定理、合运算基本定理、补运算基本定理的证明建立因素空间 $\mathscr{F}$ 同外延空间 $\mathscr{P}(U)$ 上商集代数的格同构关系,保证了概念的内涵表达与外延表达的一致性.

定义 2.12 称四元组 $(U, \mathscr{F}, \mathscr{D}, \mathscr{P}(U))$ 为**泛因素空间**.

在人工认知过程中,数据科学的根本任务是通过数据分析与加工,建构论域 U 中与问题及其主题相关的概念、验证关系与规律性猜想、发现与表达知识,这一过程往往归结为数据空间 $\mathscr{D}$ 或其子集上的数据挖掘与机器学习的模型和算法.泛因素空间的概念及其内在结构关系,为人工认知与数据科学实践提供了一种新的思想原理和可靠的数学理论基础.

2.4 有限因素标架

【23 有限因素标架】 对于一个特定的主题,适度概括的认知平衡往往需要若干个因素描述,而终极认知可能需要无穷多个因素的描述.

以适度概括的认知平衡为目标的人工认知,需要审慎筛选对主题有较强的解释能力的有限个主要影响因素,甚至是关键性的因素,并藉此构成主题的描述架,且由下列定义界定.

定义 2.13 设 f 和 g 是论域 U 上的两个平凡因素,若 $U/f \neq U/g$,则称 f 和 g 是**自为因素**.

定理 2.13　设 $\mathscr{F}_n=\{f_j\}_{j=1}^n$ 为因素空间 $(\mathscr{F};\wedge,\vee)$ 中任意有限个自为因素构成的集合，$\mathscr{F}_n^*$ 包含 $\mathscr{F}_n$ 以及由合、析运算得到的所有因素，则 $(\mathscr{F}_n^*,\vee,\wedge)$ 是一个有界子格.

证明　由子格的概念，显然 $(\mathscr{F}_n^*,\vee,\wedge)$ 是 $(\mathscr{F};\wedge,\vee)$ 的一个子格. 即 $\forall f,g\in\mathscr{F}_n^*$，$f\vee g\in\mathscr{F}_n^*$，$f\wedge g\in\mathscr{F}_n^*$.

设 $f\leqslant g\Leftrightarrow f\vee g=g$，容易证明"$\leqslant$"是 $\mathscr{F}_n^*$ 上的偏序关系，进而第一吸收律、顺序率、幂等律、交换律、结合律和第二吸收律依然成立.

记

$$o^{\neq}=f_1\vee f_2\vee\cdots\vee f_n$$
$$e^{\neq}=f_1\wedge f_2\wedge\cdots\wedge f_n$$

显然，$\forall f_i\in\mathscr{F}_n^*$，由顺序律和第一吸收律，有

$$f_i\wedge o^{\neq}=f_i$$
$$f_i\vee e^{\neq}=f_i$$

即 $o^{\neq}$ 为 $\mathscr{F}_n^*$ 的泛下界，$e^{\neq}$ 为 $\mathscr{F}_n^*$ 的泛上界.

所以，$(\mathscr{F}_n^*;\vee,\wedge,o^{\neq},e^{\neq})$ 是一个有界格.

定义 2.14　设 $\mathscr{F}_n$ 为满足定理 2.13 约定的因素族，称 $\{o;\mathscr{F}_n\}$ 为**有限因素标架**或**格标架**，称笛卡儿积 $I_1^*\times I_2^*\times\cdots\times I_n^*$ 为**格坐标系**.

在定义中，I_j^* 是基因素 f_j 的相空间 I_j 经 NoN 开拓和规范化的相空间，记零因素的相态值 NoN=0，若

$$I_j=\{x_1,x_2,\cdots,x_{n_j}\}$$

则

$$I_j^*=\{0,1,2,\cdots,n_j\}$$

注意，一般情况下 $o<o^{\neq}$，$e^{\neq}<e$，即 $f_1\vee f_2\vee\cdots\vee f_n\neq o$，$f_1\wedge f_2\wedge\cdots\wedge f_n\neq e$. 因此，关于因素补的讨论将引发标架系统的扩张问题.

【24 关于 $\mathscr{F}_n$ 的两点注释】　人们普遍关心的一个问题：有限因素标架的概念是否必要？或者说"有限因素标架"同数学经典的"仿射标架"是否存在本质的不同？

首先回顾一下仿射标架的概念与特点.

仿射标架，亦称**仿射坐标系**，指实线性空间 $V_n(R)$ 中的定向量 $\boldsymbol{\alpha}_0$ 与基向量 $\boldsymbol{\alpha}_1$，$\boldsymbol{\alpha}_2,\cdots,\boldsymbol{\alpha}_n$ 组成的向量组 $(\boldsymbol{\alpha}_0;\boldsymbol{\alpha}_1,\boldsymbol{\alpha}_2,\cdots,\boldsymbol{\alpha}_n)$.

仿射坐标系是解析几何中**笛卡儿坐标系**的拓广. 而笛卡儿坐标系是几何空间

R^3 上的直角坐标系或斜交坐标系的统称.

从 R^3 上的笛卡儿坐标系到实线性空间 $V_n(R)$ 上的仿射坐标系的变化,如同一个"三级跳"过程:

第一"跳"是空间同构变换,R^3 与 3 维欧氏空间 $E_3(R)$ 同构,从 R^3 的标架系统 $(o; e_1, e_2, e_3)$ 变换为 $E_3(R)$ 的标架系统 $(\alpha_0; \alpha_1, \alpha_2, \alpha_3)$;其中,从 e_1, e_2, e_3 到 $\alpha_1, \alpha_2,$ α_3 的变化反映讨论对象从数值向量转变为抽象向量,o 到 α_0 是一个平移过程,反映了"参考点"的转移.

第二"跳"是空间升维,从 3 维欧氏空间 $E_3(R)$ 到 n 维欧氏空间 $E_n(R)$.

第三"跳"是空间泛化,从 n 维欧氏空间 $E_n(R)$ 到 n 维实线性空间 $V_n(R)$.

空间 $E_n(R)$ 同 $V_n(R)$ 的不同主要体现在讨论"度量"问题的技术路线上.

在 $E_n(R)$ 中,"度量"问题的讨论基于"内积公理"系统,由内积诱导范数和距离.在这一技术路线下,"度量"研究内容丰富,不仅可以讨论"远近关系"(距离),还可讨论"体量比较"(范数)、"干涉"(内积)、"影响"(协方差)、"协同与变异"(投影与正交分量)等问题,灵活方便.

在 $V_n(R)$ 中,主要关注"线性关系"问题,"度量"问题的讨论基于"度量公理"系统,"距离"是唯一工具,由距离诱导范数,讨论的内容受限,换来的是泛化场景拓展.

从代数结构的观点来看,$V_n(R)$ 是"模"结构的.

首先,研究对象的集合 V 是一个阿贝尔群,即在 V 上存在一个"加法"运算,习惯上记为"+",满足:交换律、结合律、存在唯一的单位元、所有元素都有逆元.

在这个前提下,阿贝尔群 V 还是一个"R-模",即在 R 和 V 之间存在一种联系,通常称为"数量乘法",不妨记为"·",满足:

$$1 \in R, \quad \forall \alpha \in V, 1 \cdot \alpha = \alpha$$

$$\forall k, r \in R, \quad \forall \alpha \in V, (kr) \cdot \alpha = k \cdot (r \cdot \alpha)$$

$$\forall k \in R, \quad \forall \alpha, \beta \in V, k \cdot (\alpha + \beta) = k \cdot \alpha + k \cdot \beta$$

$$\forall k, r \in R, \quad \forall \alpha \in V, (k+r) \cdot \alpha = k \cdot \alpha + r \cdot \alpha$$

由 $V_n(R)$ 的"模"结构可知,在 $V_n(R)$ 的仿射标架系统 $(\alpha_0; \alpha_1, \alpha_2, \cdots, \alpha_n)$ 下,对象的坐标值均为实数域 R 中数,因此指标值的四则运算是先验的"合法"操作.

然而,从统计学应用的视角来看,往往先验的假定统计指标为二阶矩随机变量,样本均值与方差"合情合理"的存在.但是,统计数据受"度量尺度"的影响,区别为称名(分类)数据、顺序(等级)数据、等距(计数)数据、比率(测量)数据.

比率数据是定量数据,有绝对零点(参考点)和可以按比例缩放的度量尺度,一般可以理解为数域中的元素,通常按有理数或实数的运算性质进行数据处理.

等距数据是定量数据,有相对零点(参考点)和相等的单位尺度,一般可以理解为整数加群中的元素,可以比较大小,进行加、减运算;乘法没有意义,但除法是可解释的.

顺序数据是定性数据,有类"标记"功能,数据之间可以比较大小;加法没有意义,但减法是可解释;不能进行乘、除法运算;深入的数据分析和处理需要统计样本的"类"频数,频数是等距数据.

称名数据也是定性数据,仅为类"标记";数据之间不能比较大小,不能直接进行加、减、乘、除中的任何一种运算;数据分析的第一步只能是统计样本"类"频数,频数是等距数据. 在应用中,称名数据可以从本体论视角,基于问题和主题的意义、分析目的,引进"优势"概念,进而转化为顺序数据.

显然,数学经典的"仿射标架"不能统一处理不同度量尺度的数据.

因此,本书讨论"有限因素标架"的目的,就是为统一处理不同度量尺度的数据提供严谨的数学语言和技术框架.下列两点注释有助于更好地理解有限因素标架的功能.

注释 1 有限因素标架是一个"定性标架",是分析和处理顺序数据的参考系.

有限因素标架 $\mathscr{F}_n$ 可以扩张为一个有界格. 样本在 $\mathscr{F}_n$ 由"格点"表征,若约定标架因素 $f_i \in \mathscr{F}_n$ 上的"格点"是有序的,则标架 $\mathscr{F}_n$ 的"网格点"是偏序的.

因此,有限因素标架 $\mathscr{F}_n$ 中分析和处理数据,本质上是顺序尺度下的多元数据分析,一个样本在 $\mathscr{F}_n$ 中的本质属性是"位势",而不是具体的"数值".

注释 2 有限因素标架是一个"动态标架",数据维数"自适应"变换.

由 2.2 节关于零因素的讨论,零因素 o 的相态 NoN 有两个寓意:一是为"根节点",对应"论域"的概念;二是描述因素 f 的"空置"状态,即相态 NoN 为 $\mathscr{F}_n$ 中所有因素的公共相态.

在格坐标系中,将 $\mathscr{F}_n$ 中的所有因素"束于"零因素 o 上. 因此,当某个因素 f 的观测值"缺失"时,可按 f 的相态取值为 NoN 处理,等价于将因素 f 变换为零因素 o,自适应降维;当 f 的观测值"非缺失"时,自适应恢复这个维度.

第3章　因素之间的关联性分析

3.1　度量分析基础

从整数的绝对值概念出发,经过复数域中的模、线段的长度、两点之间的距离、向量的范数,到抽象的线性空间中向量的内积、范数和距离,以及函数论中测度与度量空间概念的建立,在数学知识体系的发展过程中,度量问题和度量分析技术体系的构建是贯穿始终的主线.

度量分析是数据科学分析体系中的核心技术.从统计决策到数据挖掘乃至机器学习,关于事物之间远近亲疏、体量规模、相干效应、协同与变异等关系的描述、分析、预测、决策,无不基于数学度量.

从应用的角度,量化分析存在两个基本维度:一是描述事物的指标(因素)之间的关系及相互影响程度的度量;二是描述样本特征和相互之间联系程度的度量.而度量的改进也存在两个维度:一是提高基础性度量的准确性,这是本书的讨论重点;二是逼近策略和程序、机制的智能化,这是数据科学和人工智能研究的热点.

本书从指标(因素)是随机变量的统计学基本观点出发,讨论适宜泛因素空间有限因素(格)标架的基础性数学度量方法.本章讨论因素之间的关联性度量方法,第4章讨论样本之间的相似性度量方法.

【25 二阶矩随机变量】　经典的二阶矩随机变量空间的度量理论,构成应用度量分析的基础性框架.

所谓二阶矩随机变量空间,指概率空间 $(\mathbf{S},\mathscr{F},P)$ 上所有二阶矩随机变量的集合

$$H=\{X\,|\,E\,|\,X\,|^2<\infty\}$$

容易证明,H 是一个线性空间.

实际上,$\forall X,Y\in H,k,l\in F$(数域),由 Schwarz 不等式

$$(E\,|\,X\,\overline{Y}\,|)^2\leqslant E\,|\,X\,|^2E\,|\,Y\,|^2<\infty$$

可知

$$E|kX+lY|^2=|k|^2E\,|\,X\,|^2+2|k|\,|\,l\,|E|X\,\overline{Y}\,|+|l|^2E\,|\,Y\,|^2$$

$$\leqslant|k|^2E\,|\,X\,|^2+2|k|\,|\,l\,|\sqrt{E\,|\,X\,|^2}\sqrt{E\,|\,Y\,|^2}+|l|^2E\,|\,Y\,|^2<\infty$$

即有

$$kX+lY\in H$$

若依概率分布为 H 择基,理论上 H 是无穷维的.

注意,"H 是一个线性空间"是一个理论上的抽象结论,忽略了"$kX+lY$"的可解释性问题. 在概率论理论中,确定随机变量和的概率分布存在严格的条件限制. 简单地讲,例如一个两点分布的随机变量同数域中的数相乘,如何确定结果? 又如,一个泊松分布的随机变量如何同一个贝塔分布的随机变量相加? 也就是说,即便是最简单地由二阶矩随机变量表达的因素分析问题,也不能方便地应用线性空间的标架理论.

但是,这不妨碍二阶矩随机变量空间的度量理论作为数据科学度量分析基础的理论地位. 从数据科学应用分析的角度看,更为重要的是基于"矩"概念的"度量"概念体系的建立.

【26 基于"矩"的度量概念】　几乎所有的统计数据分析,都是对数学期望

$$E(X)=\int_{-\infty}^{+\infty}x\mathrm{d}F(x)$$

和相关矩

$$E(XY)=\int_{-\infty}^{+\infty}xy\mathrm{d}F(x,y)$$

的特征及其动态规律的认知.

容易理解,$E(XY)$ 是 H 上的*内积*. 实际上,由数学期望的性质可知:

(1) $\forall X\in H,E(XY)=E(X^2)\geqslant0$,且 $E(XY)=0$ 当且仅当 $X=c$(常数,零波动性).

(2) $\forall X,Y\in H,E(XY)=E(YX)$.

(3) $\forall X_1,X_2,Y\in H,E[(X_1+X_2)Y]=E(X_1Y)+E(X_2Y)$.

(4) $\forall X,Y\in H,\lambda\in F,E(\lambda XY)=\lambda E(XY)$.

也就是说,相关矩 $E(XY)$ 满足内积公理,即 H 为内积空间.

同理,协方差 $\mathrm{cov}(X,Y)=E[(X-EX)(Y-EY)]$ 也是 H 上的内积,即内积空间中的内积(定义)是不唯一的.

无论是 $E(XY)$ 或 $\mathrm{cov}(X,Y)$,不妨统一地记为 $<X,Y>$.

通常,称 $\sqrt{<X,X>}=\|X\|$ 为 X 的**范数**,$d(X,Y)=\|X-Y\|$ 为 X 和 Y 之间的**距离**.进而可证 H 为度量空间.

在广义能量分析中,以 $E(XY)$ 为因素 X,Y 之间相干性(相互干涉、协同与耗散)分析的基本工具;进而,以均方值 $E(X^2)$ 作为因素 X 的载能能力的度量;以**均方距离**

$$d^2(X,Y)=E[(X-Y)^2]=\|X-Y\|^2$$

为逼近和收敛性分析的基础.

基于均方距离,可以建立 H 上的极限和微积分理论.因此,H 是一个希尔伯特空间,限于篇幅,这里不做展开.

数据科学的应用中,关于因素的随机波动分析,通常以 $\mathrm{cov}(X,Y)$ 为因素 X,Y 的内积,则**标准差**

$$\mathrm{std}(X)=\sqrt{\mathrm{var}(X)}=\sqrt{<X,X>}=\|X\|$$

是 X 的随机不确定性的单位尺度;而**相关系数**

$$r(X,Y)=\frac{\mathrm{cov}(X,Y)}{\mathrm{std}(X)\cdot\mathrm{std}(Y)}=\frac{<X,Y>}{\|X\|\cdot\|Y\|}=\cos_\angle(X,Y)$$

是对 X,Y 之间的线性相关程度的评价,引申描述"协同作用".

若系统分析以因素 Y 为主导,因素 X 在 Y 上的"投影"表达为 Y 的"伸缩",则**伸缩系数**

$$k=\frac{<X,Y>}{<Y,Y>}$$

在 $<X,Y>\neq0$ 时,$X^\perp=X-kY$ 为因素 X 关于 Y 的正交化变换,进而

$$\frac{\|X^\perp\|}{\|X\|}=\sin_\angle(X,Y)$$

是对 X,Y 之间的线性不相关程度的评价,引申描述"X 关于 Y 的变异程度"或"耗

散作用".

【27 单纯形】　单纯形是代数拓扑学的基本概念,其概念与研究方法,不仅在数学的许多分支中广泛应用,而且在自然科学和工程技术领域的许多学科(诸如电路网络、理论物理、计算机、电子通信、现代控制理论、原子核构造理论等)都具有广泛的应用.在数据科学的应用中,单纯形是描述高维对象"体量特征"的基本模型,是从"体量"或"空间构型能力"的视角分析和比较对象之间相互影响、彼此作用关系的基本工具,也是联系代数学、张量数学与数据科学的桥梁.

一维单纯形是数轴上的线段;二维单纯形是平面上的三角形;三维单纯形是几何空间中的凸三棱锥. n 维单纯形是上述几何形象在向量空间 $\mathbf{R}^n$ 中的泛化,是一个 " n 维凸棱锥",是描述 $n+1$ 个向量的"最简几何构型"的概念.

定义 3.1　设 $x_0, x_1, \cdots, x_n \in \mathbf{R}^n$,使得向量组

$$x_1 - x_0, x_2 - x_0, \cdots, x_n - x_0$$

线性无关,则点集

$$S = \{x = k_0 x_0 + k_1 x_1 + \cdots + k_n x_n \mid \sum_{i=0}^{n} k_i = 1\}$$

称为向量空间 $\mathbf{R}^n$ 中的一个 *n 维单纯形*,其中 x_0 称为 S 的**顶点**, $x_1, x_2, \cdots, x_n$ 为 S 的**底面顶点**.

通常约定 $x_0 = o$. 为表述方便,记 $S = \{o; x_1, x_2, \cdots, x_n\}$.

由 $\mathbf{R}^n$ 的自然基 $e_1, e_2, \cdots, e_n$ 构造的单纯形

$$\varepsilon = \{o; e_1, e_2, \cdots, e_n\}$$

称为**标准单纯形**.

在数据分析问题中,经常会考虑 $\mathbf{R}^n$ 中 n 个向量之间的相关性,为此引入下面的概念.

定义 3.2　设 $x_1, x_2, \cdots, x_n \in \mathbf{R}^n$,若 $x_1, x_2, \cdots, x_n$ 线性无关,则称单纯形

$$S = \{o; x_1, x_2, \cdots, x_n\}$$

为**本质的**.否则,称 S 为**退化的**.

在 $\mathbf{R}^2$ 中,平行四边形可以由三角形对称平行拓扑生成;在 $\mathbf{R}^3$ 中,平行六面体可以由凸三棱锥对称平行拓扑生成.通常,称 $\mathbf{R}^n$ 中本质单纯形 S 的对称平行拓扑形为**超平行多面体**,记为 $B = \mathrm{sptop}(S)$.

在 $\mathbf{R}^n$ 中数据分析的讨论,往往归结为对相关几何构型测度的讨论.一维空间

中是线段长度,二维空间中是图形面积,三维空间中是几何体体积. n 维空间中超几何体的测度亦形象地称为"体积".

有趣的是,n 维单纯形的"体积"具有同三角形面积、凸四面体体积一致的公式结构

$$\mathrm{vol}(S) = \frac{1}{n}\mathrm{vol}(S_{n-1})h$$

其中,S_{n-1} 为锥底顶点 $\boldsymbol{\alpha}_1, \boldsymbol{\alpha}_2, \cdots, \boldsymbol{\alpha}_n$ 在 $\mathbf{R}^n$ 中构成的超平面,是 $\mathbf{R}^{n-1}$ 中本质 $n-1$ 维的单纯形,不妨称为 S 的"底",$\mathrm{vol}(S_{n-1})$ 表示底面"面积";h 为锥顶点 $\boldsymbol{o}$ 到锥底 S_{n-1} 的距离,不妨称为 S 的"高".

【28 Gram 矩阵与行列式】 在多因素度量分析中,Gram 矩阵扮演着关键角色.

设一个随机事件 A 由 $n(\geqslant 1)$ 个可观测的影响因素 $X_1, X_2, \cdots, X_n$ 表达. 为讨论简便,不妨假定所有因素都是二阶矩随机变量.

定义 3.3 称

$$G(X_1, X_2, \cdots, X_n) = \begin{bmatrix} <X_1, X_1> & <X_1, X_2> & \cdots & <X_1, X_n> \\ <X_2, X_1> & <X_2, X_2> & \cdots & <X_2, X_n> \\ \vdots & \vdots & & \vdots \\ <X_n, X_1> & <X_n, X_2> & \cdots & <X_n, X_n> \end{bmatrix}$$

为 $X_1, X_2, \cdots, X_n$ 的 Gram **矩阵**,简记为 $\boldsymbol{G}$.

容易证明,Gram 矩阵 $\boldsymbol{G}$ 为半正定矩阵.

注意,由于希尔伯特空间内积定义的多样性,以及实对称矩阵同半正定矩阵之间的密切联系,不难理解 Gram 矩阵作为一种广义度量矩阵,在数据科学中具有一般性理论工具的性质. 关于 Gram 矩阵的数据科学应用问题的讨论在 3.5 节,这里简介基于 Gram 矩阵的度量分析知识.

定义 3.4 称 $\det(\boldsymbol{G})$ 为 $X_1, X_2, \cdots, X_n$ 的 Gram **行列式**,记为 $\det(\boldsymbol{G}) = D(X_1, X_2, \cdots, X_n)$.

若 $<X, Y> = E(XY)$,则 $\det(\boldsymbol{G})$ 的物理学意义是系统 $X_1, X_2, \cdots, X_n$ 的"总能量".

若 $<X, Y> = \mathrm{cov}(X, Y)$,则 $\det(\boldsymbol{G})$ 的统计学意义是 n 维随机变量 $X_1, X_2, \cdots, X_n$ 的"总方差".

设 $\boldsymbol{A} = (\boldsymbol{x}_1, \boldsymbol{x}_2, \cdots, \boldsymbol{x}_n)$,其中 $\boldsymbol{x}_i \in \mathbf{R}^n, i = 1, 2, \cdots, n, \boldsymbol{G} = \boldsymbol{A}^{\mathrm{T}}\boldsymbol{A}$,则 $\det(\boldsymbol{G})$ 的几何

学意义是超平行多面体 B 体积的平方. 可以证明,在标准正交基下

$$\det(\boldsymbol{A}) = \pm \sqrt{\det(\boldsymbol{G})}$$

引进向量组"定向"的概念.

定义 3.5　设 $e_1, e_2, \cdots, e_n$ 是 $\mathbf{R}^n$ 的自然基,若向量组 $\boldsymbol{x}_1, \boldsymbol{x}_2, \cdots, \boldsymbol{x}_n$ 与 $e_1, e_2, \cdots, e_n$ 等价,则称 $\boldsymbol{x}_1, \boldsymbol{x}_2, \cdots, \boldsymbol{x}_n$ 是**正定向**向量组;若 $\boldsymbol{x}_1, \boldsymbol{x}_2, \cdots, \boldsymbol{x}_n$ 是 $e_1, e_2, \cdots, e_n$ 的一次置换,则称 $\boldsymbol{x}_1, \boldsymbol{x}_2, \cdots, \boldsymbol{x}_n$ 是**负定向**向量组.

显然,向量组"定向"的概念可以迁移到标准单纯形 S 上,约定超平行多面体 B 的定向与 S 一致. 记

$$\mathrm{sgn}(S) = \begin{cases} 1, & S \text{ 正定向} \\ 0, & S \text{ 退化} \\ -1, & S \text{ 负定向} \end{cases}$$

则 n 维单纯形 S 的"有向体积"

$$\mathrm{vol}(S) = \mathrm{sgn}(S) \frac{1}{n} \mathrm{vol}(S_{n-1}) h$$

不难证明

$$\mathrm{vol}(S) = n! \ \mathrm{vol}(S) = \det(\boldsymbol{x}_1, \boldsymbol{x}_2, \cdots, \boldsymbol{x}_n) = \det(\boldsymbol{A})$$

并且

$$S \text{ 正定向} \Leftrightarrow \det(\boldsymbol{A}) > 0, S \text{ 负定向} \Leftrightarrow \det(\boldsymbol{A}) < 0, S \text{ 退化} \Leftrightarrow \det(\boldsymbol{A}) = 0$$

由上述讨论容易理解,行列式 $\det(\boldsymbol{x}_1, \boldsymbol{x}_2, \cdots, \boldsymbol{x}_n)$ 是关于 $\mathbf{R}^n$ 中 n 个向量 $\boldsymbol{x}_1, \boldsymbol{x}_2, \cdots, \boldsymbol{x}_n$ 是否具有本质 n 维几何结构的判据和空间"体量"的度量. 由单纯形的性质理解行列式的性质,为行列式在数据科学的应用奠定了坚实的直观基础,无疑为数据分析提供了一种深刻的思想方法.

基于 Gram 行列式的如下度量结论,对数据科学的研究与应用颇具启发. 设 $\boldsymbol{A}_{n \times m} = (\boldsymbol{x}_1, \boldsymbol{x}_2, \cdots, \boldsymbol{x}_m)$ 列满秩, $\boldsymbol{G} = \boldsymbol{A}^{\mathrm{T}} \boldsymbol{A}$, $W = \mathrm{span}(\boldsymbol{x}_1, \boldsymbol{x}_2, \cdots, \boldsymbol{x}_m)$ 为矩阵 $\boldsymbol{A}$ 的列向量组的线性生成子空间,其中 $\boldsymbol{x}_i \in \mathbf{R}^n$, $i = 1, 2, \cdots, n$.

(1) 设 $\boldsymbol{y}_1, \boldsymbol{y}_2, \cdots, \boldsymbol{y}_m$ 是 $\boldsymbol{x}_1, \boldsymbol{x}_2, \cdots, \boldsymbol{x}_m$ 的 Schmidt 正交化向量组,则

$$\mathrm{D}(\boldsymbol{x}_1, \boldsymbol{x}_2, \cdots, \boldsymbol{x}_m) = \| \boldsymbol{y}_1 \|^2 \| \boldsymbol{y}_2 \|^2 \cdots \| \boldsymbol{y}_m \|^2$$

进而

$$\| \boldsymbol{y}_k \| = \sqrt{\frac{\mathrm{D}(\boldsymbol{x}_1, \cdots, \boldsymbol{x}_{k-1}, \boldsymbol{x}_{k+1}, \cdots, \boldsymbol{x}_m)}{\mathrm{D}(\boldsymbol{x}_1, \boldsymbol{x}_2, \cdots, \boldsymbol{x}_m)}}, \quad k = 1, 2, \cdots, m$$

（2）$\forall\, x\in \mathbf{R}^n, x\notin W$，则 x 到子空间 W 的距离

$$\mathrm{d}(\boldsymbol{x},W)=\pm\sqrt{\dfrac{\mathrm{D}(\boldsymbol{x}_1,\boldsymbol{x}_2,\cdots,\boldsymbol{x}_m,\boldsymbol{x})}{\mathrm{D}(\boldsymbol{x}_1,\boldsymbol{x}_2,\cdots,\boldsymbol{x}_m)}}$$

其中，若扩展向量组 $\boldsymbol{x}_1,\boldsymbol{x}_2,\cdots,\boldsymbol{x}_m,\boldsymbol{x}$ 的定向同 $\boldsymbol{x}_1,\boldsymbol{x}_2,\cdots,\boldsymbol{x}_m$ 一致，取正号"＋"；否则取负号"－".

进而，若以向量 x 同其在 W 中的"正交投影"向量之间的夹角定义量 x 同 W 之间的夹角，则

$$\sin\angle(\boldsymbol{x},W)=\dfrac{\mathrm{d}(\boldsymbol{x},W)}{\|\boldsymbol{x}\|}$$

（3）条件同（2），$x_0\in \mathbf{R}^n$ 是一个确定的向量，称 $W^*=x_0+W$ 为由 x_0 定位的子空间 W 的线性流形. 则 $\forall\, x\in \mathbf{R}^n, x$ 到 W 的线性流形 W^* 的距离

$$\mathrm{d}(\boldsymbol{x},W^*)=\pm\sqrt{\dfrac{\mathrm{D}(\boldsymbol{x}_1,\boldsymbol{x}_2,\cdots,\boldsymbol{x}_m,\boldsymbol{x}-\boldsymbol{x}_0)}{\mathrm{D}(\boldsymbol{x}_1,\boldsymbol{x}_2,\cdots,\boldsymbol{x}_m)}}$$

关于 Gram 矩阵更深入的讨论可从代数学理论中追溯，这里不再赘述.

3.2　关联性的概念

由 2.4 节的讨论可知，基于格标架的数据分析需要数据"格化"预处理，将数据概括为有序类. 数据的格化变换在 4.2 节进行介绍.

本章以下讨论假定数据已经格化，仅在"序"和"频数"概念的基础上讨论适宜格标架下因素之间关联性度量的概念和方法.

【29 关联信息】 设有限集合

$$I_f=\{x_1,x_2,\cdots,x_s\},\quad I_g=\{y_1,y_2,\cdots,y_r\}$$

为论域 U 上的任意两个因素 f 和 g 的相空间，不妨设

$$x_1<x_2<\cdots<x_s,\quad y_1<y_2<\cdots<y_r$$

讨论因素 f 和 g 的关联性，基于本体论的原理，归根结蒂，取决于因素回溯 $\overleftarrow{f}$ 和 $\overleftarrow{g}$ 形成的等价类

$$[x_i]_f\subset U\quad 和\quad [y_j]_g\subset U$$

之间的关系.

定义 3.6　称并集 $[x_i]_f \bigcup [y_j]_g$ 为因素 f 和 g 的**弱关联信息**,称交集 $[x_i]_f \bigcap [y_j]_g$ 为因素 f 和 g 的**强关联信息**.

显然,基于弱关联信息的命题 $[x_i]_f \subseteq [x_i]_f \bigcup [y_j]_g$ 和 $[y_j]_g \subseteq [x_i]_f \bigcup [y_j]_g$ 是恒真的.

对于强关联信息,有下列三种情形:

(1) **包含**　不妨设 $[x_i]_f \subseteq [y_j]_g$,$\mathrm{Pro}(u \in [y_j]_g | u \in [x_i]_f) = 1$.

(2) **互斥**　$[x_i]_f \bigcap [y_j]_g = \varnothing$,$\mathrm{Pro}(u \in [x_i]_f \bigcap [y_j]_g) = 0$.

(3) **相容**　$[x_i]_f \bigcap [y_j]_g \neq \varnothing$,$\mathrm{Pro}(u \in [x_i]_f \bigcap [y_j]_g) \neq 0$.

假定在弱关联信息的背景下,研究如下的决策问题:

设 $u \in U$,在已知 $f(u) = x_i$ 的条件下,对 $g(u) = y_j$ 进行决策.

在论域 U 上,集合论的等价描述是:

已知 $u \in [x_i]_f$,对 $u \in [y_j]_g$ 进行判断.

由演绎推理三段论规则的第一格描述上述决策问题的推理过程,有如下情形:

(1) 已知强关联信息 $[x_i]_f \subseteq [y_j]_g$,则

$$
\begin{array}{c}
[x_i]_f \subseteq [y_j]_g \\
f(u) = x_i \\
\hline
g(u) = y_j
\end{array}
\qquad 或 \qquad
\begin{array}{c}
[x_i]_f \subseteq [y_j]_g \\
u \in [x_i]_f \\
\hline
u \in [y_j]_g
\end{array}
$$

这是一种**因果性演绎推理**.

在论域 U 上,若 $[x_i]_f \subseteq [y_j]_g$ 是不充分观测的经验知识,则上述因果推理过程转变为**因果性统计决策**,决策机制无偏倚,存在经验决策的随机性风险.

(2) 已知强关联信息 $[x_i]_f \bigcap [y_j]_g = \varnothing$,$\mathrm{Pro}(u \in [x_i]_f \bigcap [y_j]_g) = 0$,则

$$
\begin{array}{c}
[x_i]_f \bigcap [y_j]_g = \varnothing \\
f(u) = x_i \\
\hline
g(u) \neq y_j
\end{array}
\qquad 或 \qquad
\begin{array}{c}
[x_i]_f \bigcap [y_j]_g = \varnothing \\
u \in [x_i]_f \\
\hline
u \notin [y_j]_g
\end{array}
$$

这也是一种**因果性演绎推理**.同样,在 $[x_i]_f \bigcap [y_j]_g = \varnothing$ 为不充分观测经验知识的情况下,决策机制无偏倚,存在经验决策的随机性风险.

(3) 已知强关联信息 $[x_i]_f \bigcap [y_j]_g \neq \varnothing$,$\mathrm{Pro}(u \in [x_i]_f \bigcap [y_j]_g) \neq 0$,则不能同(1) 或(2) 两种情形一样演绎出一个明确的结论,其推理格式为

$$
\begin{array}{c}
[x_i]_f \bigcap [y_j]_g \neq \varnothing \\
f(u) = x_i \\
\hline
\mathrm{Pro}(g(u) = y_j) = p
\end{array}
\qquad 或 \qquad
\begin{array}{c}
[x_i]_f \bigcap [y_j]_g \neq \varnothing \\
u \in [x_i]_f \\
\hline
\mathrm{Pro}(u \in [y_j]_g) = p
\end{array}
$$

其中

$$p = \frac{\mathrm{Pro}(u \in [x_i]_f \bigcap [y_j]_g)}{\mathrm{Pro}(u \in [x_i])}$$

结论的不确定性源自大前提"$[x_i]_f \bigcap [y_j]_g \neq \varnothing$"的性质,以"$[x_i]_f \bigcap [y_j]_g \neq \varnothing$"为先验知识的演绎推理、结论中不仅存在由观测不充分带来的随机性风险,还存在先验知识的系统性偏差,这个偏差由"$u \in [x_i]_f - [y_j]_g$"描述,是推理格式固有的.

定义 3.7 若因素 f 和 g 的关联性基于**包含性**或**互斥性**信息,则称因素 f 和 g 是**因果关联**的;若因素 f 和 g 的关联性基于**相容性**信息,则称因素 f 和 g 是**统计相关**的.

由上述讨论可知,在不充分观测的情况下,基于包含性或互斥性经验知识的推理存在一定的决策风险,此时需要进行必要的统计分析与检验以判断经验知识的可靠性. 也就是说,在不充分观测的情况下,因素之间因果关联性的分析具有相关性分析的特征.

对于因素之间的统计相关性而言,在一定条件下,分析机制可以转化为因果性分析. 记

$$[y_j]_g - [x_i]_f = [y_j]_g - [x_i]_f \bigcap [y_j]_g$$

则

$$
\begin{array}{ccc}
[x_i]_f \bigcap [y_j]_g \neq \varnothing & & [x_i]_f \bigcap [y_j]_g \neq \varnothing \\
u \in [x_i]_f & \text{转化为} & u \in [y_j]_g - [x_i]_f \\
\hline
\mathrm{Pro}(u \in [y_j]_g) = p & & u \in [y_j]_g
\end{array}
$$

由集合的对称差运算,可以将"关联性"问题转化为"辨识性"问题. 记

$$[x_i]_f \oplus [y_j]_g = [x_i]_f \bigcup [y_j]_g - [x_i]_f \bigcap [y_j]_g$$

有

$$
\begin{array}{c}
u \in [x_i]_f \bigcup [y_j]_g \\
u \in [x_i]_f \oplus [y_j]_g \\
\hline
u \notin [x_i]_f \bigcap [y_j]_g, \mathrm{Pro}(u \in [x_i]_f) = p, \mathrm{Pro}(u \in [y_j]_g) = q
\end{array}
$$

其中

$$p = \frac{\mathrm{Pro}(u \in [x_i]_f - [y_j]_g)}{\mathrm{Pro}(u \in [x_i]_f \oplus [y_j]_g)}, \quad q = \frac{\mathrm{Pro}(u \in [y_j]_g - [x_i]_f)}{\mathrm{Pro}(u \in [x_i]_f \oplus [y_j]_g)}$$

表明,本质上辨识性问题仍然是决策问题.

3.3　关联性的度量

本节讨论两个因素之间关联性的对称性度量方法,不仅为量化描述格标架下的因素之间的关联程度;在多因素分析问题中,统一度量方法构造不同尺度变量的 Gram 矩阵,方便格标架下的广义多元数据分析.

鉴于篇幅和本书的主旨,仅讨论格标架下两个因素之间的关联性及其度量方法,关心基于 Gram 矩阵的广义多元数据分析的读者注意 3.5 节的讨论,更多的内容可查阅矩阵论相关著作.

【30 熵关联度】　一般的,设两个顺序尺度的变量 X 和 Y 的联合概率分布律为

$$\mathrm{Pro}((X,Y)=(x_i,y_j))=\pi_{ij},\ i=1,2,\cdots,r,\ j=1,2,\cdots,c$$

边际分布

$$\mathrm{Pro}(X=x_i)=\pi_{i+}=\sum_{j=1}^{c}\pi_{ij},\quad \mathrm{Pro}(Y=y_j)=\pi_{+j}=\sum_{i=1}^{r}\pi_{ij}$$

在信息论中,信息熵是描述信息不确定性程度的基本概念,利用信息熵可以构造两个随机变量之间关联程度的度量公式.

记二维随机变量 X、Y 的联合信息熵、边际信息熵、条件信息熵如下:

$$H(X,Y)=-\sum_{i=1}^{r}\sum_{j=1}^{c}\pi_{ij}\log\pi_{ij}$$

$$H(X)=-\sum_{i=1}^{r}\pi_{i+}\log\pi_{i+},\quad H(Y)=-\sum_{j=1}^{c}\pi_{+j}\log\pi_{+j}$$

$$H_X(Y)=-\sum_{i=1}^{r}\sum_{j=1}^{c}\pi_{ij}\log\frac{\pi_{ij}}{\pi_{i+}},\quad H_Y(X)=-\sum_{i=1}^{r}\sum_{j=1}^{c}\pi_{ij}\log\frac{\pi_{ij}}{\pi_{+j}}$$

这里的对数都是以 2 为底的,并且约定 $0\log 0=0$. 容易证明信息熵的下列性质:

(1) 信息熵都是非负的.

(2) $H_X(Y)\leqslant H(Y),\ H_Y(X)\leqslant H(X)$.

(3) $H(X,Y)=H(X)+H_X(Y)=H(Y)+H_Y(X)$.

(4) 若 X 与 Y 独立,则

$$H_X(Y)=H(Y),\ H_Y(X)=H(X),\ H(X,Y)=H(X)+H(Y)$$

(5) $I(X,Y)=H(X)-H_Y(X)=H(Y)-H_X(Y).$

通常,称 $I(Y,X)$ 为**信息量**,反应变量 X 与 Y 之间的关联性;信息量越多,二者之间的关联性就越强.

定义 3.8 称

$$RI=\frac{I(X,Y)}{\sqrt{H(X)H(Y)}}$$

为变量 X 与 Y 之间的**熵关联度**.

由信息熵的性质,容易证明熵关联度有如下性质:

(1) $0\leqslant RI\leqslant1.$

(2) $RI(X,Y)=RI(Y,X).$

(3) $RI(X,Y)=0\Leftrightarrow X$ 与 Y 独立.

(4) $RI(X,Y)=\sqrt{H(Y)/H(X)}\Leftrightarrow$ 以概率 1 有 $Y=\varphi(X),c\leqslant r.$

(5) $RI(X,Y)=\sqrt{H(X)/H(Y)}\Leftrightarrow$ 以概率 1 有 $X=\psi(Y),r\leqslant c.$

(6) $RI(X,Y)=1\Leftrightarrow$ 以概率 1 有 $Y=\varphi(X),X=\varphi^{-1}(Y),r=c.$

应用中,可用样本频率替代信息熵中的概率进行计算.

【31 协调系数】 1954 年,古德曼(Goodman)和克拉斯卡尔(Kruskal)提出了一种同简单相关系数性质类似的、称为**协调系数**的关联性度量方法.

定义 3.9 设顺序变量 X 有 s 个互异值,记为

$$x_{(1)}<x_{(2)}<\cdots<x_{(s)}$$

设 $x_1,x_2,\cdots,x_j,\cdots,x_n$ 是 X 的 n 个样本值,按从小到大的顺序排序,对于相等的样本值按采样顺序从前到后赋序,得

$$x_{(1)}<x_{(2)}<\cdots<x_{(i)}<\cdots<x_{(n)}$$

若 x_j 排序后为 $x_{(i)}$,记

$$r_x(j)=i$$

称为 x_j 的**秩**.

定义 3.10 设 (x_i,y_i) 和 (x_j,y_j) 分别为顺序变量 X 和 Y 的第 i 对和第 j 对样本数据,若 $r_x(i)$ 和 $r_x(j)$ 之间的大小同 $r_y(i)$ 和 $r_y(j)$ 之间的大小顺序一致,则称 (x_i,y_i) 和 (x_j,y_j) 为**协调对**.若 $r_x(i)$ 和 $r_x(j)$ 的大小同 $r_y(i)$ 和 $r_y(j)$ 大小顺序相反,则称 (x_i,y_i) 和 (x_j,y_j) 为**不协调对**.既非协调,也非不协调的样本对称为**不确定对**.

协调系数的定义依据的是定义 3.10 的样本协调性提供的顺序信息.

一般的, n 个样本两两比对协调性, 共有 $n(n-1)/2$ 个组合. 比较过程由 X 和 Y 的互异值(值域元素)交叉列联构成统计观测单元, 记为 (i,j) 和 (k,l).

设 π_{ij} 和 π_{kl} 分别为样本落入观测单元 (i,j) 和 (k,l) 的概率, 则随机抽样时得到协调对和不协调对的概率

$$\pi_C = 2\sum_{i<k}\sum_{j<l}\pi_{ij}\,\pi_{kl}, \pi_D = 2\sum_{i<k}\sum_{j>l}\pi_{ij}\,\pi_{kl}$$

定义 3.11　称

$$\gamma = \frac{\pi_C - \pi_D}{\pi_C + \pi_D}$$

为顺序变量 X 和 Y 的**协调系数**.

协调系数有下列几条性质:

(1) $-1 \leqslant \gamma \leqslant 1$, 特别的, $\gamma = 1 \Leftrightarrow \pi_D = 0, \gamma = -1 \Leftrightarrow \pi_C = 0$.

(2) 若 $|\gamma| = 1$, 则对任意简单随机样本 (x_a, y_a) 和 (x_b, y_b), 必有

$$P(y_a \leqslant y_b \,|\, x_a < x_b) = 1$$

或

$$P(y_a \geqslant y_b \,|\, x_a < x_b) = 1$$

(3) 若 X 与 Y 独立, 则 $\gamma = 0$; 反之未必.

应用中, 由落入观测单元 (i,j) 和 (k,l) 的频数 n_{ij} 和 n_{kl} 估计协调系数, 计算协调对总数

$$C = \sum_{i<k}\sum_{j<l}n_{ij}n_{kl}$$

不协调对总数

$$D = \sum_{i<k}\sum_{j>l}n_{ij}n_{kl}$$

不确定对总数

$$T = T_X + T_Y - T_{XY}$$

其中

$$T_X = \sum_{i=1}^{r}n_{i+}(n_{i+}-1)/2, n_{i+} = \sum_{j}n_{ij}$$

$$T_Y = \sum_{j=1}^{c}n_{+j}(n_{+j}-1)/2, n_{+j} = \sum_{i}n_{ij}$$

$$T_{XY} = \sum_i \sum_j n_{ij}(n_{ij}-1)/2$$

$$C+D+T = n(n-1)/2$$

于是

$$\gamma = \frac{C-D}{C+D}$$

为 X 和 Y 的**经验协调系数**.

例 3.1 在矿产勘查中,矿床规模(X)、矿床与岩体的距离(Y)之间存在一定的关联性.假定矿床规模由三种有序相态描述:

1—规模小;2—规模中;3—规模大

矿床与岩体的距离按从近到远概括为三种有序相态:

1—距离 0~2 km;2—距离 2~4 km;3—距离 4~6 km

对 17 个矿床的勘查记录见表 3.1.

表 3.1 矿床规模与距离

矿床	规模	距离	矿床	规模	距离
1	1	1	10	2	3
2	2	1	11	2	1
3	3	2	12	3	2
4	1	2	13	2	1
5	3	3	14	2	2
6	2	2	15	2	2
7	2	2	16	2	2
8	2	1	17	2	3
9	2	2			

求规模和距离两个因素的协调系数.

解 对样本进行交叉列联观测,统计样本落入各个单元格(相态组合)的频数,结果见表 3.2.

表 3.2　矿床距离与规模频数列联表

距离	规模			$\sum$
	1	2	3	
1	1	4	0	5
2	1	6	2	9
3	0	2	1	3
$\sum$	2	12	3	17

（1）样本总数 $n=17$，样本对总数 $n(n-1)/2=136$.

（2）协调对总数

$$C = \sum_{i<k}\sum_{j<l} n_{ij}n_{kl} = 32$$

其中，具体的协调对有

（近，小）与（中，中）（中，大）（远，中）（远，大），共计 $6+2+2+1=11$.

（近，中）与（中，大）（远，大），共计 $4\times(2+1)=12$.

（中，小）与（远，中）（远，大），共计 $2+1=3$.

（中，中）与（远，大）共计 $6\times1=6$.

（3）不协调对总数

$$D = \sum_{i<k}\sum_{j>l} n_{ij}n_{kl} = 8$$

其中，具体不协调对有

（近，中）与（中，小）（远，小），共计 $4\times(1+0)=4$.

（近，大）与（中，小）（中，中）（远，小）（远，中），共计 $0\times(1+6+0+2)=0$.

（中，中）与（远，小），共计 $6\times0=0$.

（中，大）与（远，小）（远，中），共计 $2\times(0+2)=4$.

（4）不确定对总数

$$T_X = \sum \frac{n_{i+}(n_{i+}-1)}{2} = \frac{5\times4+9\times8+3\times2}{2} = 49$$

$$T_Y = \sum \frac{n_{+j}(n_{+j}-1)}{2} = \frac{2\times1+12\times11+3\times2}{2} = 70$$

$$T_{XY} = \sum_i\sum_j \frac{n_{ij}(n_{ij}-1)}{2} = 23$$

$$T = T_X + T_Y - T_{XY} = 49+70-23 = 96$$

（5）协调对发生概率 π_C 的估计

$$C=\frac{32}{136}=0.235\ 3$$

（6）不协调对发生概率 π_D 的估计

$$D=\frac{8}{136}=0.058\ 8$$

（7）协调系数 γ 的估计

$$\gamma=\frac{0.235\ 3-0.058\ 8}{0.235\ 3+0.058\ 8}=0.600\ 1$$

注意，由于协调系数 γ 的比值结构，消除了"不确定样本对"作为协调性"背景"因素的影响，γ 值存在高估两个变量之间关联度的风险.

因此，1974 年肯达尔（Kendall）修正了协调系数的估计公式. 修正的经验协调系数

$$\gamma^*=\frac{C-D}{\sqrt{(\frac{n(n-1)}{2}-T_X)(\frac{n(n-1)}{2}-T_Y)}}$$

按肯达尔的选择公式计算，例 3.1 的"规模"与"距离"之间的协调系数

$$\gamma^*=\frac{32-8}{\sqrt{(136-49)(136-70)}}=0.316\ 7$$

【32 商集关联度】 协调系数和信息熵系数虽然适宜在格坐标系中应用，但不符合泛因素空间的思想原理.

由 3.2 节的讨论可知，给定论域 U 上的两个因素 f 和 g 之间的统计关联性，由因素的回溯 $\overleftarrow{f}$ 和 $\overleftarrow{g}$ 决定，等价类的交集 $[x_i]_f\bigcap[y_j]_g$ 是强关联信息，并集 $[x_i]_f\bigcup[y_j]_g$ 是弱关联信息. 因此，本书定义了泛因素空间中格坐标系下的因素之间的关联性度量.

定义 3.12 设论域 U 上两个因素 f 和 g 的相空间为

$$I_f=\{x_1,x_2,\cdots,x_s\},\quad I_g=\{y_1,y_2,\cdots,y_r\}$$

记商集

$$U/f=\{[x_1]_f,\cdots,[x_i]_f,\cdots,[x_s]_f\},\quad U/g=\{[y_1]_g,\cdots,[y_j]_g,\cdots,[y_r]_g\}$$

定义

$$q = \sum_{\forall k} \text{Pro}(u \in [z_k]_{f \vee g} \mid U/f \vee g) \cdot$$

$$\max_{[x_i]_f \cup [y_j]_g \subseteq [z_k]_{f \vee g}} \frac{\text{Pro}(u \in [x_i]_f \bigcap [y_j]_g \mid U/f \wedge g)}{\text{Pro}(u \in [x_i]_f \bigcup [y_j]_g \mid U/f \wedge g)}$$

称为因素 f 和 g 的**商集关联度**.

　　显然,商集关联度 q 是一种加权系数,基本度量为商集 $D/f \wedge g$ 上的强关联概率与弱关联概率之比,按商集 $D/f \vee g$ 建立的弱关联信息分类度量,加权汇总.

　　商集关联度 q 是一种经验度量,性质如下:

　　(1) $0 \leqslant q \leqslant 1$.

　　(2) q 是强关联信息 $[x_i]_f \bigcap [y_j]_g$ 的增函数.

　　(3) 当 $f = g$ 时,$q = 1$;当 $f = o$ 或 $g = o$ 时,$q = 0$.

　　在应用中,往往在容量为 n 的样本集 $D \subset U$ 上求商集关联度 q 的估计值. 记经验商集

$$D/f = \{[x_1]_f, \cdots, [x_i]_f, \cdots, [x_s]_f\}, \quad D/g = \{[y_1]_g, \cdots, [y_j]_g, \cdots, [y_r]_g\}$$

则

$$q = \frac{1}{n} \sum_{\forall k} \#_{D/f \vee g}[z_k]_{f \vee g} \cdot \max_{[x_i]_f \cup [y_j]_g \subseteq [z_k]_{f \vee g}} \left\{ \frac{\#_{D/f \wedge g}[x_i]_f \bigcap [y_j]_g}{\#_{D/f \wedge g}[x_i]_f \bigcup [y_j]_g} \right\}$$

其中,$\#_{D/f \wedge g}$ 表示商集 $D/f \wedge g$ 的子块 $[x_i]_f \bigcap [y_j]_g$ 以及 $[x_i]_f \bigcup [y_j]_g$ 内元素的计数,$\#_{D/f \vee g}$ 表示商集 $D/f \vee g$ 的子块 $[z_k]_{f \vee g}$ 内元素的计数.

　　例 3.2　设 $D = \{1,2,3,4,5\}$,已知

$$D/f = \{\{1\}, \{2,3\}, \{4,5\}\}, \quad D/g = \{\{3\}, \{1,2\}, \{4,5\}\}$$

求因素 f 和 g 的商集关联度.

　　解　易知

$$D/f \vee g = \{\{1,2\}, \{2,3\}, \{1,2,3\}, \{4,5\}\} = \{\{1,2,3\}, \{4,5\}\}$$

$$D/f \wedge g = \{\{1\}, \{2\}, \{3\}, \{4,5\}\}$$

　　因此

$$\#_{D/f \vee g}\{1,2,3\} = 3, \quad \#_{D/f \vee g}\{4,5\} = 2, n = 5$$

$$\max_{[x_i]_f \cup [y_j]_g \subseteq \{1,2,3\}} \left\{ \frac{\#_{D/f \wedge g}\{1\} \bigcap \{1,2\}}{\#_{D/f \wedge g}\{1\} \bigcup \{1,2\}}, \frac{\#_{D/f \wedge g}\{2,3\} \bigcap \{3\}}{\#_{D/f \wedge g}\{2,3\} \bigcup \{3\}}, \frac{\#_{D/f \wedge g}\{2,3\} \bigcap \{1,2\}}{\#_{D/f \wedge g}\{2,3\} \bigcup \{1,2\}} \right\} = \frac{1}{2}$$

$$\max_{[x_i]_f \cup [y_j]_g \subseteq \{4,5\}} \left\{ \frac{\#_{D/f \wedge g}\{4.5\} \bigcap \{4,5\}}{\#_{D/f \wedge g}\{4,5\} \bigcup \{4,5\}} \right\} = 1$$

所以,因素 f 和 g 在样本集 D 上的商集关联度

$$q=\frac{3}{5}\times\frac{1}{2}+\frac{2}{5}\times1=0.7$$

例 3.3　计算例 3.1 中"规模"与"距离"两个因素在 17 个矿床样本上的商集关联度.

解　求"矿床/规模"商集,记为

$$A=\{A_1,A_2,A_3\}=\{\{1,4\},\{2,6,7,8,9,10,11,13,14,15,16,17\},\{3,5,12\}\}$$

求"矿床/距离"商集,记为

$$B=\{B_1,B_2,B_3\}=\{\{1,2,8,11,13\},\{3,4,6,7,9,12,14,15,16\},\{5,10,17\}\}$$

计算

$$A+B=\{1,2,3,4,5,6,7,8,9,10,11,13,14,15,16,17\}=\{C_1\},n=17,k=1$$

$$A\circ B=\{\{1\},\{4\},\{2,8,11,13\},\{6,7,9,14,15,16\},\{10,17\},\{3,12\},\{5\}\}$$
$$=\{A_1\cap B_1,A_1\cap B_2,A_2\cap B_1,A_2\cap B_2,A_2\cap B_3,A_3\cap B_2,A_3\cap B_3\}$$

所以

$$q=\frac{1}{n}\sum_{\forall k}\#_{A+B}C_k\max_{A_i\cup B_j\subseteq C_k}\left\{\frac{\#_{A\circ B}A_i\cap B_j}{\#_{A\circ B}A_i\cup B_j}\right\}$$
$$=\max_{A_i\cup B_j\subseteq C_1}\left\{\frac{\#A_1\cap B_1}{\#A_1\cup B_1},\frac{\#A_1\cap B_2}{\#A_1\cup B_2},\frac{\#A_2\cap B_1}{\#A_2\cup B_1},\frac{\#A_2\cap B_2}{\#A_2\cup B_2},\right.$$
$$\left.\frac{\#A_2\cap B_3}{\#A_2\cup B_3},\frac{\#A_3\cap B_2}{\#A_3\cup B_2},\frac{\#A_3\cap B_3}{\#A_3\cup B_{31}}\right\}$$
$$=\max\left\{\frac{1}{6},\frac{1}{10},\frac{4}{13},\frac{6}{15},\frac{2}{13},\frac{2}{10},\frac{1}{5}\right\}=0.4$$

显然,在 17 个矿床样本上,商集关联度(0.4)同肯达尔修正协调系数(0.316 7)相近.

3.4　预测性关联度

本节讨论格标架下两个因素之间关联程度的非对称性度量方法,可以理解为对称性度量的预测性分析方法.

【33 预测的大概率原则】　两个顺序尺度的变量 X 和 Y 的关联性预测分析,一般遵循大概率原则.

设 X 和 Y 联合概率分布律为

$$\mathrm{Pro}((X,Y)=(x_i,y_j))=\pi_{ij},\ i=1,2,\cdots,r,\ j=1,2,\cdots,c$$

边际分布

$$\mathrm{Pro}(X=x_i)=\pi_{i+}=\sum_{j=1}^{c}\pi_{ij},\quad \mathrm{Pro}(Y=y_j)=\pi_{+j}=\sum_{i=1}^{r}\pi_{ij}$$

考虑"已知 $X=x_i$ 的条件下,对 Y 进行预测"的问题. 通常,称 X 对 Y 的预测能力的度量为**预测性关联度**.

一般的,若不考虑 X 的具体取值,对 Y 的预测遵循大概率原则,以满足条件

$$\pi_{+m}=\max\ (\pi_{+1},\pi_{+2},\cdots,\pi_{+c})$$

的状态 y_m 为 Y 的预测值(最有可能的取值). 此时

$$\mathrm{Pro}(Y\neq y_m\,|\,X)=1-\pi_{+m}$$

为预测的出错概率.

在已知 $X=x_i$ 的条件下,对 Y 的预测由条件概率 $\pi_{(i)j}=\pi_{ij}/\pi_{i+}$ 描述,以满足条件

$$\pi_{(i)m_i}=\max\ (\pi_{(i)1},\pi_{(i)2},\cdots,\pi_{(i)c})$$

的状态 y_{m_i} 为 Y 的预测,预测出错概率

$$\mathrm{Pro}(Y\neq y_{m_i}\,|\,X=x_i)=1-\pi_{(i)m_i}=1-\frac{\pi_{im_i}}{\pi_{i+}}$$

容易证明

$$\sum_i \pi_{im_i}\geqslant \pi_{+m}$$

所以

$$\sum_i \pi_{i+}\mathrm{Pro}(Y\neq y_{m_i}\,|\,X=x_i)\leqslant \mathrm{Pro}(Y\neq y_m|X)$$

表明在一般情况下,由于 X 的状态已知,对 Y 预测的平均出错概率比 X 未知时有所减少,至少不会增大,减少的量体现了 X 在对 Y 进行预测当中所起作用的大小.

定义 3.13　称

$$\lambda_{Y|X=x_i}=1-\frac{\sum\limits_i \pi_{i+}\mathrm{Pro}(Y\neq y_{m_i}|X=x_i)}{\mathrm{Pro}(Y\neq y_m|X)}$$

为 X 对 Y 的**预测能力**,或**预测性关联度**.

同理讨论 Y 对 X 的预测能力,这里不再赘述.

【34 有向熵关联信息】 由 3.2 节的熵关联信息的构造原理,可得应用于预测性分析的**有向熵关联信息**.

由 X 为 Y 提供的有向熵关联信息

$$\mathrm{RI}_{Y|X} = \frac{H(Y) - H_X(Y)}{H(Y)}$$

同理,由 Y 为 X 提供的有向熵关联信息

$$\mathrm{RI}_{X|Y} = \frac{H(X) - H_Y(X)}{H(X)}$$

容易证明,有向熵关联信息具有下列性质:

(1) $0 \leqslant \mathrm{RI}_{Y|X} \leqslant 1, 0 \leqslant \mathrm{RI}_{X|Y} \leqslant 1$.

(2) X 与 Y 相互独立 $\Leftrightarrow \mathrm{RI}_{Y|X} = \mathrm{RI}_{X|Y} = 0$.

(3) $\mathrm{RI}_{Y|X} = 1 \Leftrightarrow$ 以概率 1 有 $Y = \varphi(X), c \leqslant r$.

(4) $\mathrm{RI}_{X|Y} = 1 \Leftrightarrow$ 以概率 1 有 $X = \psi(Y), r \leqslant c$.

(5) $\mathrm{RI}^2 = \mathrm{RI}_{Y|X} \mathrm{RI}_{X|Y}$.

应用中,可用样本频率替代信息熵中的概率进行计算.

【35 有向协调系数】 由肯达尔的修正协调系数,可得应用于预测性分析的**有向协调系数**.

以 X 为条件变量,Y 为响应变量的有向协调系数

$$\gamma_{Y|X} = \frac{C - D}{\dfrac{n(n-1)}{2} - T_X}$$

同理,以 Y 为条件变量,X 为响应变量的有向协调系数

$$\gamma_{X|Y} = \frac{C - D}{\dfrac{n(n-1)}{2} - T_Y}$$

容易证明,$\gamma^{*2} = \gamma_{Y|X} \gamma_{X|Y}$.

显然,预测性关联度、有向熵关联信息、有向协调系数均为两个因素之间预测关系的相关性度量.

【36 决定度】 由 3.2 节的讨论可知,应用于预测与决策性分析,两个因素之

间的关联性,主要由包含性或互斥性的强关联信息提供.

在泛因素空间理论中,"预测性关联度"由下列概念描述.

定义 3.14　设 $A\subseteq U$ 是一个等价类,不妨记 $A=\{u_{i_1},u_{i_2},\cdots,u_{i_s}\}$,$i_k$ 为对象 u_{i_k} 在 U 中的顺序号,$k=1,2,\cdots,s$. f 是定义在论域 U 上的一个因素,若

$$f(u_{i_k})=j_k\in I_f,\quad k=1,2,\cdots,s$$

其互异值按从小到大的顺序排列,得

$$j_{(1)}<j_{(2)}<\cdots<j_{(r)},\quad r\leqslant s$$

则称集合

$$R_f(A)=\{j_{(1)},j_{(2)},\cdots,j_{(r)}\}$$

为本体子集 A 的 f—**表征**.

定义 3.15　设 f 和 g 是定义在论域 U 上的关联因素,$A\in U/f,f(A)=i\in I_f$. 称 A 的 g—表征

$$R_g(A)=\{j_{(1)},j_{(2)},\cdots,j_{(r)}\}\subseteq I_g$$

为因素 f 的相态 i(或等价类 A)在因素 g 上的**踪影**,记为 $R_g([i]_f)$.

踪影的概念描述的是将 f 的分类信息投射到因素 g 上.

定义 3.16　设 f 和 g 是定义在论域 U 上的关联因素,$i\in I_f,j\in I_g$.若

$$R_g([i]_f)=j$$

则

$$[i]_f\subseteq[j]_g$$

称为从因素 f 到 g 的一个**决定性事件**,并称

$$\alpha_{g|f}=\sum_{\forall i}\mathrm{Pro}(u\in[i]_f\mid[i]_f\subseteq[j]_g)$$

为从因素 f 到 g 的预测系数,或因素 g 对 f 的**决定度**.

显然,决定度是一种因果性关联度.应用中,由决定性事件发生的频率替代概率对 $\alpha_{g|f}$ 进行估计.

例 3.4　设 $I_f=\{1,2,3,4,5\},I_g=\{1,2,3,4\}$ 分别为同一个论域上两个因素 f 和 g 的相空间.表 3.3 是 15 个样本观测记录.

表 3.3   两个因素的 15 个观测记录

样本	f	g	样本	f	g
1	1	3	9	4	2
2	4	2	10	3	2
3	2	1	11	5	4
4	5	4	12	2	1
5	1	3	13	5	4
6	3	2	14	1	3
7	4	2	15	5	3
8	2	3			

求 $\alpha_{g|f}$ 和 $\alpha_{f|g}$.

解   容易求出样本集合的经验商集

$$D/f = \{[1]_f, [2]_f, [3]_f, [4]_f, [5]_f\}$$
$$= \{\{1,5,14\}, \{3,8,12\}, \{6,10\}, \{2,7,9\}, \{4,11,13,15\}\}$$
$$D/g = \{[1]_g, [2]_g, [3]_g, [4]_g\}$$
$$= \{\{3,12\}, \{2,6,7,9,10\}, \{1,5,8,14,15\}, \{4,11,13\}\}$$

显然，从因素 f 到 g 的决定性事件有

$$[1]_f = \{1,5,14\} \subset \{1,5,8,14,15\} = [3]_g$$
$$[3]_f = \{6,10\} \subset \{2,6,7,9,10\} = [2]_g$$
$$[4]_f = \{2,7,9\} \subset \{2,6,7,9,10\} = [2]_g$$

于是

$$\alpha_{g|f} = \frac{1}{15}(\#[1]_f + \#[3]_f + \#[4]_f) = \frac{8}{15}$$

从因素 g 到 f 的决定性事件有

$$[1]_g = \{3,12\} \subset \{3,8,12\} = [2]_f$$
$$[4]_g = \{4,11,13\} \subset \{4,11,13,15\} = [5]_f$$

于是

$$\alpha_{f|g}=\frac{1}{15}(\sharp[1]_g+\sharp[4]_g)=\frac{5}{15}$$

【**37 分辨度**】　分辨度是决定度的变式,适用于如下的特殊情形:

设因素为 f 的相空间 $I_f\subseteq R$,因素 g 的相空间 $I_g=\{1,2\}$,$D=[1]_g\bigcup[2]_g$ 为样本数据集,不妨设样本容量为 n,讨论从因素 f 到 g 的决定性事件和决定度.

记因素 g 的相态 $i=1,2$ 在因素 f 上的踪影

$$D_1=R_f([1]_g),D_2=R_f([2]_g)$$

通常,$(D_1\bigcap D_2)\neq\varnothing$.

引进对称差

$$D_1\bigoplus D_2=(D_1\bigcup D_2)-(D_1\bigcap D_2)$$

于是

$$\overset{\leftarrow}{f}(D_1\bigoplus D_2)\subseteq[1]_g$$

或

$$\overset{\leftarrow}{f}(D_1\bigoplus D_2)\subseteq[2]_g$$

为决定性事件.

不妨设

$$\inf(D_1)\leqslant\inf(D_1\bigcap D_2)\leqslant\sup(D_1\bigcap D_2)<\sup(D_2)$$

重述决定性事件,若 $u\in U$,则

$$f(u)\in[\inf(D_1),\ \inf(D_1\bigcap D_2))\subseteq[1]_g$$

或

$$f(u)\in(\sup(D_1\bigcap D_2),\ \sup(D_2)]\subseteq[2]_g$$

于是,定义 3.16 即从因素 f 到 g 的预测系数修正为

$$\alpha_{g|f}=(\sharp[\inf(D_1),\inf(D_1\bigcap D_2))+\sharp(\sup(D_1\bigcap D_2),\sup(D_2)])/n$$

称为因素 g 对 f 的**分辨度**.

例 3.5　设某一项研究涉及两个因素,指标 $f\in[0,1]$ 和类别 $g\in\{1,2\}$,共进行了 30 个样本的观测,表 3.4 是 30 个样本观测记录.

表 3.4 指标与类别的 30 个样本观测记录

样本	指标	类别	样本	指标	类别
1	0.169 7	1	16	0.555 7	1
2	0.182 1	1	17	0.6	1
3	0.194 5	1	18	0.680 5	2
4	0.206 9	1	19	0.692 9	2
5	0.219 3	1	20	0.705 3	2
6	0.351 7	2	21	0.717 7	2
7	0.384 1	2	22	0.830 1	2
8	0.4	2	23	0.120 1	1
9	0.400 9	2	24	0.132 5	1
10	0.401 8	1	25	0.144 9	1
11	0.402 7	1	26	0.157 3	1
12	0.406 1	1	27	0.842 5	2
13	0.458 5	2	28	0.854 9	2
14	0.510 9	2	29	0.967 3	2
15	0.533 3	2	30	0.979 7	2

求类别对指标值的分辨度(或由指标值对类别的预测系数).

解 首先,构造出类别 1 和类别 2 在指标上的踪影

$$D_1 = R_f([1]_g), D_2 = R_f([2]_g)$$

和对称差 $D_1 \oplus D_2$.

在数据表 3.4 上的等价操作是按指标值从小到大的顺序扩展排序,结果见表 3.5.

表 3.5 指标值从小到大顺序的排序结果

样本	指标	类别	样本	指标	类别
23	0.120 1	1	12	0.406 1	1
24	0.132 5	1	13	0.458 5	2
25	0.144 9	1	14	0.510 9	2
26	0.157 3	1	15	0.533 3	2
1	0.169 7	1	16	0.555 7	1
2	0.182 1	1	17	0.6	1
3	0.194 5	1	18	0.680 5	2

样本	指标	类别	样本	指标	类别
4	0.206 9	1	19	0.692 9	2
5	0.219 3	1	20	0.705 3	2
6	0.351 7	2	21	0.717 7	2
7	0.384 1	1	22	0.830 1	2
8	0.4	2	27	0.842 5	2
9	0.400 9	2	28	0.854 9	2
10	0.401 8	1	29	0.967 3	2
11	0.402 7	1	30	0.979 7	2

由表 3.5 易知,明确可分辨的样本子集为

$\{1,2,3,4,5,23,24,25,26\}\subseteq[\inf(D_1),\inf(D_1\bigcap D_2))\subseteq[1]_g$,含 9 个样本

$\{18,19,20,21,22,27,28,29,30\}\subseteq(\sup(D_1\bigcap D_2),\sup(D_2)]\subseteq[2]_g$,含 9 个样本

于是分辨度

$$\alpha_{g|f}=\frac{9+9}{30}=0.6$$

3.5　从格标架到仿射标架

在前面的讨论中,反复强调有限因素标架或格标架的概念,这不是目的.本书的义旨在于数据科学的管理学应用,特别是在基于机器学习算法的辅助决策分析中,基础性、因果性、统一框架的多因素度量分析对于人工智能决策的可靠性、可解释性的影响.

在一个问题的描述和研究中,格标架不是唯一的、也不是固定的.一般情况下,讨论是从格标架开始的,然后进入仿射标架.本节的讨论说明这个过程.

【38 原始数据与 Gram 矩阵】　从前面的讨论可知,数据是因素的观测值,各个因素上的度量尺度不同,导致原始数据的信息概括程度不同.不同概括程度的数据,可适用的数学运算不同.

人工认知乃至人工智能系统的数学运算的对象是概念.泛因素空间的思想方

法,建立了概念的内涵和外延一致性表达的技术框架,基于有限因素标架(即格标架的原始数据分析和处理技术),对于将数据转化为概念发挥着至关重要的作用.

理论上,Gram 矩阵是数据科学应用分析中联系格标架与仿射标架的桥梁.

假定问题由有限个指标(因素)$X_1, X_2, \cdots, X_n$ 描述,假定各个因素的观测值均为数域 F 中的数,m 次观测得到的原始观测记录见表 3.6.

表 3.6 原始观测记录表

样本编号	X_1	X_2	$\cdots$	X_n
1	x_{11}	x_{12}	$\cdots$	x_{1n}
2	x_{21}	x_{22}	$\cdots$	x_{2n}
$\vdots$	$\vdots$	$\vdots$		$\vdots$
m	x_{m1}	x_{m2}	$\cdots$	x_{mn}

记为"样本×指标"型数据矩阵

$$A = \begin{bmatrix} x_{11} & x_{12} & \cdots & x_{1n} \\ x_{21} & x_{22} & \cdots & x_{2n} \\ \vdots & \vdots & & \vdots \\ x_{m1} & x_{m2} & \cdots & x_{mn} \end{bmatrix}$$

由于 A 的元素均为数域 F 中的数,当 $m \geqslant n$ 时,$A^{\mathrm{T}}A$ 是一个半正定 Gram 矩阵.

然而,在经典的统计数据分析中,往往要求 $A_{m \times n} = (X_1, X_2, \cdots, X_n)$ 列满秩,隐喻指标之间的线性无关性,样本容量大于指标个数.若简单地由欧几里得距离描述样本之间的亲疏关系,则嵌入了指标系统 $X_1, X_2, \cdots, X_n$ 的联合概率分布为正态分布的先验假设.这极大地限制了基于 Gram 矩阵的数据分析技术的使用范围,也影响了基于 Gram 矩阵设计出来的机器学习算法的有效性.

因此,在不满足"A 的元素均为数域 F 中的数"这个条件时,仿射标架下的分析技术是不适用的.

但是,如果注意到实对称矩阵同 Gram 矩阵的联系,在格标架下建立实对称的关联性度量矩阵,然后转入以 Gram 矩阵为主要分析对象的仿射标架下数据分析技术体系,可使基于数据的概念表达和知识发现建立在严格数学语境和方法论框架中.

设表 3.6 中的各个因素 $X_1, X_2, \cdots, X_n$ 的度量尺度是格化的(顺序尺度),则数

据矩阵 A 只能理解为格标架下的数据集.同一因素的观测值(矩阵 A 的列向量的元素)之间数据处理需要注意:

(1) 原始数据只能进行排序(比较大小)、统计重复值的频数,相态值的差可解释,不能进行求和、积与商的运算.

(2) 相态值差的比值可以解释,频数可以做加法和减法运算,两个相态值频数的比值可解释.

(3) 比值可以看作是数域中的数.

不同因素的观测值(矩阵 A 的不同列向量的元素)之间,仅当转化为比值之后才是可以比较和进行数学运算的.

因此,对于格标架下的数据矩阵 A,一般情况下 $A^{\mathrm{T}}A$ 是不符合数学运算逻辑的.

但是,在格标架下确定因素 X_i 和 X_j 之间对称的关联性度量值(如熵关联度、协调系数、商集关联度),将两两比对的结果写成一个矩阵 G,这是合乎数学运算逻辑的.注意,此时矩阵 G 的元素可以视为数域 F 中的数,即可以将矩阵 G 植入仿射标架中,视为满足仿射标架下分析技术的数据对象.

也就是说,从矩阵 A 到矩阵 G,实际上完成了从格标架下的数据对象到仿射标架下的数据对象的转变.

在矩阵 G 的基础上,可采用仿射标架下丰富而灵活的技术方法.

那么,对矩阵 G 的分析和处理如何实现对因素族 $X_1,X_2,\cdots,X_n$ 以及矩阵 A 的反馈性诠释,这是应用分析的关键环节.

实际上,任何一个实对称矩阵一定可以相似对角化,即可以方便地判断其是否为半正定矩阵.而任何一个半正定矩阵都可以表示为一个 Gram 矩阵.因此,在格标架下不能由 $A^{\mathrm{T}}A$ 建立矩阵 G;但是,如果用格标架下的关联性度量技术建立了矩阵 G,则必存在 $\mathbf{R}^n$ 上的向量组 $\beta_1,\beta_2,\cdots,\beta_n$,使

$$G = G(\beta_1,\beta_2,\cdots,\beta_n) = B^{\mathrm{T}}B$$

其中,$B=(\beta_1,\beta_2,\cdots,\beta_n)$,这不仅实现了 $X_1,X_2,\cdots,X_n$ 从顺序尺度的观测到比率尺度的描述.进一步,向量组 $\beta_1,\beta_2,\cdots,\beta_n$ 同矩阵 A 的列向量组之间的关联性,可以实现因素族 $X_1,X_2,\cdots,X_n$ 及其样本数据在格标架和仿射标架之间的双向诠释.

【39 Gram 矩阵与机器学习算法训练集】 设因素族 $X_1,X_2,\cdots,X_n$ 的关联性度量矩阵 G 是一个 Gram 矩阵,则存在正交矩阵 $P=(p_{ij})_{n\times n}$,使得 $PGP^{\mathrm{T}}=\Lambda$,Λ 为

G 的特征值构成的对角矩阵.

这等价于可逆线性变换

$$F_j = p_{j1}X_1 + p_{j2}X_2 + \cdots + p_{jn}X_n, j = 1, 2, \cdots, n$$

若 $\boldsymbol{\Lambda}$ 的对角元按 G 的特征值从大到小排序,且 $\boldsymbol{P}$ 的列向量为单位化向量,则正交变换 $\boldsymbol{PGP}^{\mathrm{T}} = \boldsymbol{\Lambda}$ 即为数据分析中著名的主成分分析(PCA)的代数学原理.

格标架和仿射标架之间的双向诠释依赖 PCA 分析框架.

这里,对 PCA 分析或更一般的 Gram 矩阵的分析和应用不做展开,仅为示例关联性度量的应用,以及格标架和仿射标架下数据分析过程之间的联系和转换,给出一个基于小样本观测、生成"保关联结构"的模拟数据,为机器学习算法提供算法训练数据的 PCA 反向应用策略.

设 $\boldsymbol{X} = (\boldsymbol{X}_1, \boldsymbol{X}_2, \cdots, \boldsymbol{X}_n)$,$\boldsymbol{A} = (x_{ij})_{m \times n}$ 为 $\boldsymbol{X}$ 的 m 个样本数据矩阵,$m \geqslant n + 1$. 基于数据矩阵 $\boldsymbol{A}$,生成容量为 N 的 $\boldsymbol{X}$ 的模拟样本数据,记为矩阵 $\boldsymbol{A}^* = (x_{ij}^*)_{N \times n}$.

求矩阵 $\boldsymbol{A}^*$ 的算法过程如下:

(1)在格标架下,由矩阵 $\boldsymbol{A}$ 估计因素 $\boldsymbol{X}_i$ 和 $\boldsymbol{X}_j$ 之间对称性关联度矩阵 $\boldsymbol{G}_0$,假定是一个非负定矩阵;估计 $\boldsymbol{\mu}_0 = (\hat{E}(\boldsymbol{X}_1), \hat{E}(\boldsymbol{X}_2), \cdots, \hat{E}(\boldsymbol{X}_n))$.

(2)进入仿射标架,求矩阵 $\boldsymbol{G}_0$ 的特征值与单位正交化特征向量.

设 $\boldsymbol{G}_0$ 的特征值 $\lambda_1, \lambda_2, \cdots, \lambda_n$,不妨按 $\lambda_1 \geqslant \lambda_2 \geqslant \cdots \geqslant \lambda_n \geqslant 0$ 排序,记为对角矩阵 $\boldsymbol{\Lambda} = \mathrm{diag}(\lambda_1, \lambda_2, \cdots, \lambda_n)$;对应的单位正交化特征向量为 $\boldsymbol{P}_1, \boldsymbol{P}_2, \cdots, \boldsymbol{P}_n$,记为 $\boldsymbol{P} = (\boldsymbol{P}_1, \boldsymbol{P}_2, \cdots, \boldsymbol{P}_n)$.

(3)生成随机向量 $\boldsymbol{X}_0 \sim N_n(\boldsymbol{0}, \boldsymbol{\Lambda})$ 的 N 个模拟数据.

(4)将 $\boldsymbol{X}_0$ 的模拟数据代入 $\boldsymbol{X}^* = \boldsymbol{QX}_0 + \boldsymbol{\mu}_0$ 计算,结果由矩阵 $\boldsymbol{A}^*$ 保存,其中 $\boldsymbol{Q} = \boldsymbol{P}^{\mathrm{T}}$.

由 $\boldsymbol{X}_0 \sim N_n(\boldsymbol{0}, \boldsymbol{\Lambda})$ 可知,$\boldsymbol{X}^* = \boldsymbol{QX}_0 + \boldsymbol{\mu}_0 \sim N_n(\boldsymbol{\mu}_0, \boldsymbol{P\Lambda P}^{\mathrm{T}})$,在模拟数据中嵌入了正态性,以方便算法有效性评估分析.

(5)返回格标架,假设 $\boldsymbol{X}_j$ 在 $\boldsymbol{A}$ 上的经验分布为

$$\boldsymbol{X}_j \sim \begin{pmatrix} x_1^{(j)} & x_2^{(j)} & \cdots & x_{m_j}^{(j)} \\ p_1^{(j)} & p_2^{(j)} & \cdots & p_{m_j}^{(j)} \end{pmatrix}$$

统计 $x_k^{(j)}, k = 1, 2, \cdots, m_j$ 的累积频率

$$q_k^{(j)} = \sum_{s=1}^{k} p_s^{(j)}, \quad k = 1, 2, \cdots, m_j$$

注意 $q_{m_j}^{(j)}=1.$

然后,求 $N(\mu_j, \sigma_j^2)$ 的 $q_k^{(j)}$ 分位点 $x_k^{(j)}$, $k=1,2,\cdots,m_j-1$, 重标记模拟结果.

$\forall x_{ij}^* \in \boldsymbol{A}^*$, $i=1,2,\cdots,N$, 重标记准则:

若 $x_{ij}^* < x_1^{(j)}$, 则重标记 $x_{ij}^* = x_1^{(j)}$.

若 $x_{k-1}^{(j)} \leqslant x_{ij}^* < x_k^{(j)}$, 则重标记 $x_{ij}^* = x_k^{(j)}$, $k=2,3,\cdots,m_j-1$.

若 $x_{ij}^* \geqslant x_{m_j-1}^{(j)}$, 则重标记 $x_{ij}^* = x_{m_j-1}^{(j)}$.

例 3.6　表 3.6 是中原地区某矿区井下采煤瓦斯相关样本数据(数据来源:项目合作单位).

表 3.6　井下采煤瓦斯相关样本数据

样本	瓦斯压力/mpa	瓦斯含量/($m^3 \cdot t^{-1}$)	煤坚固性系数	煤体破坏类型	构造复杂度	开采深度/m
1	0.87	6.90	0.43	3	1.5	557
2	1.00	7.30	0.42	3	1.5	526
3	0.95	8.60	0.36	4	1.5	515
4	0.94	7.10	0.44	3	1.5	510
5	0.90	5.40	0.67	2	1.4	449
6	0.91	5.50	0.64	2	1.4	425
7	0.94	4.74	0.70	2	1.4	385
8	0.88	5.32	0.63	2	1.4	395
9	2.10	11.40	0.65	2	2.2	709
10	2.40	11.50	0.35	4	2.2	711
11	2.30	13.20	0.39	4	2.2	720
12	2.40	12.70	0.31	4	2.2	728
13	1.17	9.04	0.61	1	1.4	395
14	2.80	10.25	0.59	3	2.6	425
15	0.95	13.04	0.24	5	1.4	445
16	2.00	9.50	0.48	1	2.1	460
17	1.20	10.36	0.16	3	1.6	462
18	3.95	8.23	0.22	3	3.2	543
19	2.76	10.02	0.31	3	2.5	620
20	0.95	13.04	0.24	5	1.3	445
21	1.20	10.36	0.16	3	1.6	462
22	1.25	9.01	0.36	3	1.6	745

表 3.6 样本数据散点图见图 3.1. 由熵关联度构造 $\boldsymbol{G}_0$,按上述算法步骤生成 $N=500$ 个模拟数据,散点图见图 3.2.

为评价模拟数据的性质,求出 500 个模拟数据的熵关联度矩阵 $\boldsymbol{G}_0^*$,由 Box-M 方法检验是否 $\boldsymbol{G}_0^*=\boldsymbol{G}_0$. Box-M 检验的检验统计量

$$C=-2\ln(1-w)\Lambda\sim\chi^2(\mathrm{df})$$

其中,

$$\Lambda=\left(\frac{\det(\boldsymbol{G}_0)}{\det(\boldsymbol{G})}\right)^{(m-1)/2}\left(\frac{\det(\boldsymbol{G}_0^*)}{\det(\boldsymbol{G})}\right)^{(N-1)/2}$$

$$\boldsymbol{G}=\frac{(m-1)\boldsymbol{G}_0+(N-1)\boldsymbol{G}_0^*}{m+N-2}$$

$$w=\left(\frac{1}{m-1}+\frac{1}{N-1}-\frac{1}{m+N-2}\right)\frac{2n^2+3n-1}{6(n+1)}$$

$$\mathrm{df}=\frac{1}{2}n(n+1)$$

给定显著性水平 α,在当前样本条件下,若 $C<\chi_{1-\alpha}^2(\mathrm{df})$,则 $\boldsymbol{G}_0^*=\boldsymbol{G}_0$.

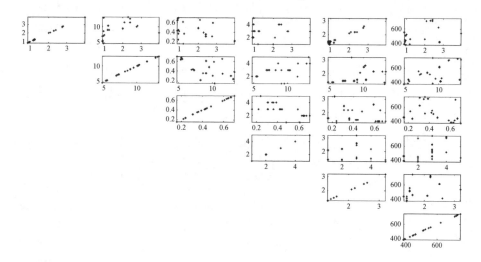

图 3.1 表 3.6 中样本数据的散点图矩阵

取 $\alpha=0.05$,Box-M 检验表明 $\boldsymbol{G}_0^*=\boldsymbol{G}_0$,即模拟数据同原始数据有相同的关联结构.

进一步的应用,由模拟数据训练机器学习算法,以原始数据进行算法有效性评估.这方面的试验有 BP 神经网络和 Logistic 回归模型的训练和实证分析,测试正

确率在 85％至 90％之间. 限于本书的目的和篇幅, 仅此报告.

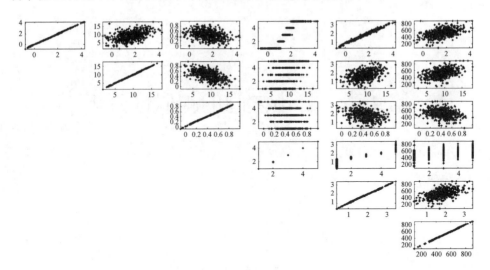

图 3.2　500 个模拟数据的散点图矩阵

第4章　样本之间的相似性分析

4.1　相似性分析基础

【40 相似性的概念】　相似性是一种比较或度量概念,属于多指标(因素)评价综合分析的范畴.

经典的样本相似性分析的技术路线,往往将评价指标归结为二阶矩随机变量,在 3.1 节二阶矩随机变量的度量分析框架下,藉由 Gram 矩阵和多重线性函数分析,实现对样本相似性的综合评价.

样本之间相似性或"亲疏"关系的度量是数据分析与机器学习算法建构的基础.

通常,这种"亲疏"关系往往具体化为两个样本的"远近""相干""协同""相似""体量大小"的比较. 设

$$\boldsymbol{x}_i = (x_{i1}, x_{i2}, \cdots, x_{in})^{\mathrm{T}}, \quad \boldsymbol{x}_j = (x_{j1}, x_{j2}, \cdots, x_{jn})^{\mathrm{T}}$$

任意两个样本向量,二者之间"亲疏"关系的度量,一般或基于度量空间,或基于内积空间.

在度量空间中,可以根据问题的背景构造 $\boldsymbol{x}_i$ 和 $\boldsymbol{x}_j$ 之间的距离函数 $d(\boldsymbol{x}_i, \boldsymbol{x}_j)$,但需要满足四个基本性质:

(1) **非负性** $d(\boldsymbol{x}_i, \boldsymbol{x}_j) \geqslant 0$;

(2) **正则性** $d(\boldsymbol{x}_i, \boldsymbol{x}_j) = 0 \Leftrightarrow \boldsymbol{x}_i = \boldsymbol{x}_j$;

　　(3) 对称性 $d(\boldsymbol{x}_i,\boldsymbol{x}_j)=d(\boldsymbol{x}_j,\boldsymbol{x}_i)$;

　　(4) 三角不等式 $d(\boldsymbol{x}_i,\boldsymbol{x}_j)\leqslant d(\boldsymbol{x}_i,\boldsymbol{x}_k)+d(\boldsymbol{x}_k,\boldsymbol{x}_j)$.

然而,$d(\boldsymbol{x}_i,\boldsymbol{x}_j)$ 表征的是 $\boldsymbol{x}_i$ 和 $\boldsymbol{x}_j$ 之间的"远近"关系,在描述"相干""协同""相似""体量大小"等意义时,需要在 $d(\boldsymbol{x}_i,\boldsymbol{x}_j)$ 的基础上再行构造度量公式.

　　在内积空间中,当指标(因素)的内积满足条件

$$<X_i,X_j>=\begin{cases}0,&i\neq j\\1,&i=j\end{cases}$$

时,有 $G(X_1,X_2,\cdots,X_n)=E$,此时样本内积

$$<\boldsymbol{x}_i,\boldsymbol{x}_j>=\sum_{k=1}^{n}x_{ik}x_{jk}$$

是样本 $\boldsymbol{x}_i,\boldsymbol{x}_j$ 之间"相干性"的度量;由内积诱导的范数

$$\|\boldsymbol{x}_i\|_2=\sqrt{<\boldsymbol{x}_i,\boldsymbol{x}_i>}=\sqrt{x_{i1}^2+x_{i2}^2+\cdots+x_{in}^2}$$

为 2 范数,是样本 $\boldsymbol{x}_i$ 的"体量"的度量;距离

$$d_2(\boldsymbol{x}_i,\boldsymbol{x}_j)=\|\boldsymbol{x}_i-\boldsymbol{x}_j\|_2=\sqrt{(x_{i1}-x_{j1})^2+(x_{i2}-x_{j2})^2+\cdots+(x_{in}-x_{jn})^2}$$

为欧几里得(Euclidean)距离,更一般的

$$d_p(\boldsymbol{x}_i,\boldsymbol{x}_j)=\sqrt[p]{(x_{i1}-x_{j1})^p+(x_{i2}-x_{j2})^p+\cdots+(x_{in}-x_{jn})^p}$$

为闵可夫斯基(Minkowski)距离,是样本 $\boldsymbol{x}_i,\boldsymbol{x}_j$ 之间"远近"的度量;而

$$r(\boldsymbol{x}_i,\boldsymbol{x}_j)=\frac{<\boldsymbol{x}_i,\boldsymbol{x}_j>}{\|\boldsymbol{x}_i\|\cdot\|\boldsymbol{x}_j\|}$$

为样本 $\boldsymbol{x}_i,\boldsymbol{x}_j$ 之间"相似性"或"协同性"的度量.

　　若存在因素的内积 $<X_i,X_j>\neq 0,i\neq j$,则 $G(X_1,X_2,\cdots,X_n)\neq E$. 此时,样本内积

$$<\boldsymbol{x}_i,\boldsymbol{x}_j>\neq\sum_{k=1}^{n}x_{ik}x_{jk}$$

于是,样本 $\boldsymbol{x}_i,\boldsymbol{x}_j$ 之间的距离应当由马哈拉诺比斯(Mahalanobis)距离

$$d_M(\boldsymbol{x}_i,\boldsymbol{x}_j)=\sqrt{(\boldsymbol{x}_i-\boldsymbol{x}_j)^{\mathrm{T}}\boldsymbol{C}^{-1}(\boldsymbol{x}_i-\boldsymbol{x}_j)}$$

度量,其中

$$\boldsymbol{C}=(s_{ij})_{m\times m},\quad s_{ij}=\frac{1}{n-1}\sum_{k=1}^{n}(x_{ik}-\overline{x}_i)(x_{jk}-\overline{x}_j),$$

$$\overline{x}_i=\frac{1}{n}\sum_{k=1}^{n}x_{ik},\quad \overline{x}_j=\frac{1}{n}\sum_{k=1}^{n}x_{jk}$$

显然,$d_M(\pmb{x}_i,\pmb{x}_j)$是对$d_2(\pmb{x}_i,\pmb{x}_j)$的一种修正与推广,在公式中考虑了系统各个变量之间可能存在的多重共线性关系对距离的影响,并且独立于测量尺度.

在应用中,必须由样本协方差阵估计总体协方差阵,因此$d_M(\pmb{x}_i,\pmb{x}_j)$是不稳健的,应谨慎使用.

在应用中,事物之间亲疏是一个内涵深刻、外延丰富的概念.要特别注意,对某一特定的问题,相关事物之间亲疏关系的度量,由于距离或相似系数的具体计算公式不同,可能导致由数据处理结果做出的对问题的解释、相关概念的几何表象出现较大的差异.

例 4.1 由不同的距离计算公式得到的单位圆的图形.

所谓单位圆,指在平面上动点$M(x,y)$到定点$O(0,0)$的距离等于定长 1 的几何图形.

分析与绘图 不妨记$\pmb{\alpha}=(x,y)^T$,$\pmb{o}=(0,0)^T$,则$d(\pmb{\alpha},\pmb{o})=1$为单位圆的一般数学描述,其中$d$为某种距离(度量).

下面考察不同的距离计算公式对单位圆几何表象的影响.

(1) **欧几里得距离**

$$d_2(\pmb{\alpha}_1,\pmb{\alpha}_2)=\sqrt{(x_1-x_2)^2+(y_1-y_2)^2}$$

令$\pmb{\alpha}_1=\pmb{\alpha}$,$\pmb{\alpha}_2=\pmb{o}$,代入$d(\pmb{\alpha},\pmb{o})=1$得单位圆方程

$$x^2+y^2=1$$

其图像见图 4.1(1),这是最经典的单位圆的几何表象.

注意,欧几里得距离嵌入了$(X,Y)\sim N(\mu_1,\mu_2,\sigma_1,\sigma_2)$的"隐藏条件",其中$\rho_{XY}=0$等价于指标$X$和$Y$独立.

(2) **马哈拉诺比斯距离**

若认为指标X和Y是线性相关的,即$\rho_{XY}\neq0$,则选用

$$d_M(\pmb{x}_1,\pmb{x}_2)=\sqrt{(\pmb{x}_1-\pmb{x}_2)^T\begin{bmatrix}s_{11}&s_{12}\\s_{21}&s_{22}\end{bmatrix}^{-1}(\pmb{x}_1-\pmb{x}_2)}$$

令$\pmb{\alpha}_1=\pmb{\alpha}$,$\pmb{\alpha}_2=\pmb{o}$,代入$d(\pmb{\alpha},\pmb{o})=1$得单位圆方程

$$\frac{x^2}{a^2}+\frac{y^2}{b^2}=1$$

其图像见图 4.1(2),还是那个单位圆,但几何表象是"椭圆".

（3）**绝对值距离**

$$d_1(\boldsymbol{\alpha}_1,\boldsymbol{\alpha}_2)=|x_1-x_2|+|y_1-y_2|$$

令 $\boldsymbol{\alpha}_1=\boldsymbol{\alpha}$，$\boldsymbol{\alpha}_2=\boldsymbol{o}$，代入 $d(\boldsymbol{\alpha},\boldsymbol{o})=1$ 得单位圆方程

$$|x|+|y|=1\Leftrightarrow\begin{cases}x+y=1\\x-y=1\\-x+y=1\\-x-y=1\end{cases}$$

其图像见图 4.1(3)，这就颠覆了人们对单位圆的几何认知.

（4）**切比雪夫距离**

$$d_\infty(\boldsymbol{\alpha}_1,\boldsymbol{\alpha}_2)=\max\{|x_1-x_2|,|y_1-y_2|\}$$

令 $\boldsymbol{\alpha}_1=\boldsymbol{\alpha}$，$\boldsymbol{\alpha}_2=\boldsymbol{o}$，代入 $d(\boldsymbol{\alpha},\boldsymbol{o})=1$ 得单位圆方程

$$\max\{|x|,|y|\}=1\Leftrightarrow\begin{cases}x=\pm1,&|x|\geqslant|y|\\y=\pm1,&|x|<|y|\end{cases}$$

其图像见图 4.1(4).

或许，在不均匀介质中，度量两个样本之间的相互影响或作用关系，马哈拉诺比斯距离公式要比欧几里得距离公式更恰当；若介质中存在"阻隔机制"，则绝对值距离或切比雪夫距离更适合. 注意，绝对值距离和切比雪夫距离中也嵌入了指标 X 和 Y 独立的条件.

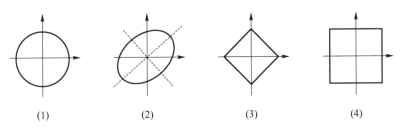

| (1) | (2) | (3) | (4) |

图 4.1　不同距离公式下的单位圆几何表象

【41 匹配系数】　显然，上述度量方法均要求因素 $X_1,X_2,\cdots,X_n$ 的度量尺度一致.换句话说，上述公式不具备统一处理不同尺度的多维样本数据的能力，不适宜格标架下的样本之间相似性的度量分析.

下面介绍三种适宜在格标架中使用的经典统计度量方法.

（1）**捷卡尔得(Jaccard)距离**

$$d_{\mathrm{J}}(\boldsymbol{x}_i,\boldsymbol{x}_j)=\frac{\#\{(x_{ik}\neq x_{jk})\wedge((x_{ik}\neq0)\vee(x_{jk}\neq0))\}}{\#\{(x_{ik}\neq0)\vee(x_{jk}\neq0)\}}$$

适宜度量布尔变量之间的不匹配程度,其中 ∧ 和 ∨ 分别表示逻辑"与"和"或"运算,♯ 表示集合元素的计数.

（2）**海明**（Hamming）**距离**

$$d_{\mathrm{H}}(\pmb{x}_i,\pmb{x}_j)=\sharp\{x_{ik}\neq x_{jk}\}/n$$

适宜度量分类或顺序尺度的变量之间的不匹配程度.

（3）**高沃**（Gower）**系数**

适宜在不同度量尺度的多因素综合评价问题中,度量样品之间的相似性程度,一般形式为

$$r_{\mathrm{G}}=\sum_{i=1}^{n}w_is_i\Big/\sum_{i=1}^{n}w_i$$

其中,n 为因素个数,s_i 为指定因素 X_i 上两个样品的相似程度,w_i 为权系数.

s_i 的赋值方法:

若因素 X_i 为定性变量,当两个样品 x_i、y_i 匹配（这是一个可以根据问题的实际意义自由诠释的概念）时,令 $s_i=1$,失配时,令 $s_i=0$;

对于定量变量,可令

$$s_i=1-|x_i-y_i|/R_i$$

其中,R_i 表示变量 x_i 在样本或总体中的数值变化范围,$0\leqslant s_i\leqslant 1$.

w_i 的赋值方法:

当两个样品对比有效（这个有效性的判定准则亦是可以根据问题的实际意义自由诠释的）时,取 $w_i=1$;否则,当有缺失值或无意义匹配时,取 $w_i=0$.

显然,高沃系数是一种通用相似性度量方法,给出了一种建立样本的多因素度量分析的基本框架.

4.2　样本的因素轮廓

在 4.1 节给出的样本间"亲疏"关系或"体量"的度量方法,在实际的数据分析应用中,由于不满足"线性空间"假设、"高斯误差"假设、"正交性标架结构"假设,度量结果存在一定的"畸变".另外,常用的欧式距离 $d_2(\pmb{x}_i,\pmb{x}_j)$、马氏距离 $d_{\mathrm{M}}(\pmb{x}_i,\pmb{x}_j)$ 和相关系数 $r(\pmb{x}_i,\pmb{x}_j)$ 在将多维数据压缩为一维数据时,信息损失大,进而严重影响

后续数据分析与机器学习的效能. 基于列联表的方法则受"离散化"方法与过程的影响,同样对分析产生不良影响.

【42 样本的几何形象】　在 $\mathbf{R}^n$ 中,任何一个数据对象存在 3 种不同的几何形象:

(1) 0 维几何形象—点 $A(x_1, x_2, \cdots, x_n)$.

(2) 1 维几何形象—向量 $\boldsymbol{x} = (x_1, x_2, \cdots, x_n)^{\mathrm{T}}$.

(3) n 维几何形象—单纯形 $S = \{\boldsymbol{o}; \boldsymbol{x}_1, \boldsymbol{x}_2, \cdots, \boldsymbol{x}_n\}$,其中

$$\boldsymbol{x}_1 = (x_1, 0, \cdots, 0)^{\mathrm{T}}, \quad \boldsymbol{x}_2 = (0, x_2, 0, \cdots, 0)^{\mathrm{T}}, \cdots, \boldsymbol{x}_n = (0, \cdots, 0, x_n)^{\mathrm{T}}.$$

在单纯形 S 的讨论中,若"顶点"固定于 o,则 S 的性质由其"底面"超多边形

$$S_{n-1} = \{\boldsymbol{x}_2 - \boldsymbol{x}_1, \boldsymbol{x}_3 - \boldsymbol{x}_2, \cdots, \boldsymbol{x}_n - \boldsymbol{x}_{n-1}, \boldsymbol{x}_1 - \boldsymbol{x}_n\}$$

的形状和空间"姿态"确定,讨论单纯形 S 和讨论超多边形 S_{n-1} 可以相互替代.

显然,由于三者几何结构不同,讨论时在语言、方法、技巧等方面有很大的区别. 通常,在数据科学的实践中,人们习惯于"化繁为简"和"以简驭繁",将高维对象与问题转化为低维对象与问题进行讨论. 然而,由"降维"造成的"信息损失"却困扰着模型与算法的泛化效果. 反过来,当人们面对一个低维对象与问题时,却不习惯将其转化为高维对象与问题. 实际上,从低维向高维的转化往往意味着"获得更多的额外信息",能够更清楚地观察对象间的关系.

【43 数据的格化变换】　一个有限因素标架 $\{o; \mathscr{F}_n\}$ 是一个有界格,简称格标架;各个因素 f_j 的规范相空间的笛卡儿积 $I_1^* \times I_2^* \times \cdots \times I_n^*$ 是一个 n 维格坐标系.

格标架中"自为因素"的概念忽略了"线性空间""高斯误差"和"正交性标架结构"的假设,在顺序尺度上统一处理多因素数据. 格坐标系的数据科学应用,核心思想是格代数系统中的"原子概念"即"格点"关系构造的"复合概念"的表达与知识挖掘.

定义 4.1　设 $f_1, f_2, \cdots, f_n \in \mathscr{F}_n, \forall u \in U$,有

$$(f_1, f_2, \cdots, f_n)(u) = (x_1, x_2, \cdots, x_n) \in I_1^* \times I_2^* \times \cdots \times I_n^*$$

称为对象 u 的**联合相态**,或样本 u 的**格坐标**.

样本的格坐标具有如下性质:

(1) 对象 u_i 在因素 f_j 上的坐标 $f_j(u_i) = x_{ij}$ 为自然数,$x_{ij} = 0$ 的意义是在因素 f_j 上 u_i 观测值缺失,数据分析自适应降维(f_j 的维度收缩为一个点).

（2）$\forall x_{ik},x_{jk}\in I_k^*$，$x_{ik}$ 和 x_{jk} 的"大小"仅有"顺位"的意义，可忽略其"数量"的含义；一般情况下，$x_{ik}+x_{jk}$ 无意义，但 $x_{ik}-x_{jk}$ 是两个对象 u_i,u_j "位势"的度量.

（3）$\forall x_{ij}\in I_j,x_{ik}\in I_k$，一般情况下 x_{ij} 与 x_{ik} 是不可直接比较的.

因此，在数据分析之前，将数据对象"安置"到格结构中，然后对"格点"关系进行分析. 样本的因素表达，特别是在样本的相似性分析中，重要的不是具体的相态值，而是相态的"势"，这一思想同经典的统计分析中"秩"分析思想是一致的.

所以，为统一处理不同度量尺度的多因素数据，在格代数系统中以"序"和"序差"构造基本的样本相似性度量体系，进行数据的"格化"变换是不可或缺的基本环节.

顺序尺度的数据是"自然格化"数据.

分类尺度的数据，在应用中需要根据"因素的相态对分析目的的意义"进行"赋序格化".

等距尺度和比率尺度的数据是有序的，只需按实际的测量精度进行格坐标化变换.

记"样本×变量"为原始观测的数据矩阵 $\boldsymbol{X}=(x_{ij})_{m\times n}$，对 $\boldsymbol{X}$ 进行格坐标化变换，简称**格化变换**. 数据格化变换的目的是建立各个因素统一的参考点，将因素的空置（数据缺失）标度为标架系统的原点，将原始数据标度化（整数化），即由一一映射使

$$I_j\rightarrow N_j=\{0,1,2,\cdots,m_j\},j=1,2,\cdots,n$$

不论数据矩阵 $\boldsymbol{X}$ 的标架因素是何种度量尺度的，对 $\boldsymbol{X}$ 的各列进行统一格化变换的算法如下：

（1）提取矩阵的 $\boldsymbol{X}$ 的型参数 m 和 n.

（2）求基准（reference point）向量

$$\text{INF}=(\inf(I_1),\inf(I_2),\cdots,\inf(I_n))$$

若因素 f_j 为连续变量且 $\inf(I_j)$ 未知，则令

$$\inf(I_j)=\min_{\forall i}\{x_{ij}\}-\varepsilon_j,\quad i=1,2,\cdots,m,\quad j=1,2,\cdots,n$$

其中，$\varepsilon_j>0$ 为松弛参数.

（3）$\forall x_{ij}\in I_j$，令

$$y_{ij}=\begin{cases}0,&x_{ij}=\text{NoN}\\(x_{ij}-\inf(I_j))\times10^{k_j}+1,&x_{ij}\neq\text{NoN}\end{cases},\quad i=1,2,\cdots,m,j=1,2,\cdots,n$$

其中,NoN 表示观测缺失值,k_j 为 I_j 尺度精确度参数(数据小数部分位数).

于是,数据矩阵

$$Y=(y_{ij})_{m\times n}$$

是 X 的格坐标数据.

【44 样本的因素轮廓】　这里,将 $\mathbf{R}^n$ 中单纯形 S 的底面超多边形S_{n-1}的概念移植到 $\mathscr{F}_n$ 中,进而建立格坐标系中样本之间相似性的度量方法.

定义 4.2　设 $x=(x_1,x_2,\cdots,x_n)\in I_1^*\times I_2^*\times\cdots\times I_n^*$,令

$$q=xP$$

称为数据 x 的**因素轮廓变换**,称 q 为数据 x 的**因素轮廓**.其中,矩阵

$$P=\begin{bmatrix} -1 & 0 & 0 & \cdots & 0 & 1 \\ 1 & -1 & 0 & & 0 & 0 \\ 0 & 1 & -1 & \cdots & 0 & 0 \\ \vdots & \vdots & \vdots & & \vdots & \vdots \\ 0 & 0 & 0 & & -1 & 0 \\ 0 & 0 & 0 & & 1 & -1 \end{bmatrix}$$

称为**轮廓算子**.

显然,$\forall\, x=(x_1,x_2,\cdots,x_n)\in I_1^*\times I_2^*\times\cdots\times I_n^*$,因素轮廓

$$q=xP=(x_2-x_1,x_3-x_2,\cdots,x_n-x_{n-1},x_1-x_n)$$

轮廓变换是一种数据的升维变换,将一维的向量 x 变换为 $n-1$ 维的超多边形S_{n-1}.

记格坐标系 $I_1^*\times I_2^*\times\cdots\times I_n^*$ 上所有可能因素轮廓的集合为 $\mathscr{Q}$,称为**因素轮廓空间**.

下面,简单讨论因素轮廓空间 $\mathscr{Q}$ 的序结构.

定义 4.3　设 $q^{(i)},q^{(j)}\in\mathscr{Q}$,$\lambda=(\lambda_1,\lambda_2,\cdots,\lambda_n)$为非负实数值向量,若

$$q^{(j)}=\lambda\odot q^{(i)}=(\lambda_1 x_1^{(i)}-\lambda_2 x_2^{(i)},\lambda_2 x_2^{(i)}-\lambda_3 x_3^{(i)},\cdots,\lambda_n x_n^{(i)}-\lambda_1 x_1^{(i)})$$

则称 $q^{(j)}$ 为 $q^{(i)}$ 的**缩放**,λ 为**缩放算子**.

为表述简便,约定下列记号:

$\forall\lambda_k>1,k=1,2,\cdots,p$,记 $\lambda>1$.

$\forall\lambda_k<1,k=1,2,\cdots,p$,记 $\lambda<1$.

$\forall\lambda_k=1,k=1,2,\cdots,p$,记 $\lambda=1$.

$\forall \lambda_k = 0, k = 1, 2, \cdots, p$，记 $\lambda = \mathbf{0}$.

上述 4 种情形之外的其他情况，均记 $\lambda \lesseqgtr 1$.

定义 4.4 设 $q^{(i)} \in \mathcal{Q}$，定义

若 $\lambda > 1$，称 $\lambda \odot q^{(i)}$ 为轮廓 $q^{(i)}$ **膨胀**.

若 $\lambda < 1$，称 $\lambda \odot q^{(i)}$ 为轮廓 $q^{(i)}$ **收缩**.

若 $\lambda = 1$，称 $\lambda \odot q^{(i)}$ 为轮廓 $q^{(i)}$ **维持**.

若 $\lambda = 0$，称 $\lambda \odot q^{(i)}$ 为轮廓 $q^{(i)}$ **消退**.

若 $\lambda \lesseqgtr 1$，称 $\lambda \odot q^{(i)}$ 为轮廓 $q^{(i)}$ **奇扭**.

定义 4.5 设 $q^{(j)} = \lambda \odot q^{(i)}$，定义

若 $\lambda = 1$，称轮廓 $q^{(j)}$ 与 $q^{(i)}$ **相等**，记为 $q^{(j)} = q^{(i)}$.

若 $\lambda = k \cdot \mathbf{1}, k > 0$，称轮廓 $q^{(j)}$ 与 $q^{(i)}$ **平行**，记为 $q^{(j)} \parallel q^{(i)}$.

若 $\lambda > 1$，称轮廓 $q^{(j)}$ **优于** $q^{(i)}$，记为 $q^{(j)} > q^{(i)}$.

若 $\lambda < 1$，称轮廓 $q^{(j)}$ **劣于** $q^{(i)}$，记为 $q^{(j)} < q^{(i)}$.

对于上述 4 种情形，统称轮廓 $q^{(j)}$ 与 $q^{(i)}$ **分层**.

若 $\lambda \lesseqgtr 1$，称轮廓 $q^{(j)}$ 与 $q^{(i)}$ **相交**.

在几何直观上，分层的轮廓是有序的，而相交的轮廓是无序的.

分层的轮廓"优（>）"序满足下列性质：

(1) 非自反性　若 $q^{(i)} > q^{(i)}$ 一定不成立.

(2) 非对称性　若 $q^{(j)} > q^{(i)}$，则 $q^{(i)} > q^{(j)}$ 一定不成立.

(3) 反向传递性　若 $q^{(j)} > q^{(i)}$ 和 $q^{(i)} > q^{(k)}$ 均不成立，则 $q^{(j)} > q^{(k)}$ 一定不成立.

由上述性质易证下面的定理：

定理 4.1 $(\mathcal{Q}, >)$ 是一个严格拟序集.

显然，上述性质对轮廓"劣（<）"序也成立. 不难理解，因素轮廓 $q^{(i)}$ 是格标架下的一种特殊的数据对象.

4.3　因素轮廓相似度

【**45 因素轮廓相似度**】　样本之间的相似性反应事物的"亲疏"关系，基于因素轮廓的相似性度量是一种"似然"性质的度量，其度量值的大小应当反映事物间"亲

疏"关系的"可能性"和"信念"程度. 因此,约定样本因素轮廓的相似性由区间 $[0,1]$ 上的比率数据进行规范性描述是合理的. 并且,对同一事物自身的"亲疏"做正则性即 100% 的"亲"确认是合理的.

由于事物的复杂性,难以甚至无法确认两个对象的"优先"顺序的情况是客观存在的. 因此,为提高对样本因素轮廓之间序关系的识别能力,约定其为"保序"度量是合理的.

依据上述基本思想,约定样本因素轮廓的相似性度量公理如下.

定义 4.6 设 $\forall \boldsymbol{x}^{(i)}, \boldsymbol{x}^{(j)}, \boldsymbol{x}^{(k)} \in I_1^* \times I_2^* \times \cdots \times I_n^*$, $\boldsymbol{q}^{(i)}, \boldsymbol{q}^{(j)}, \boldsymbol{q}^{(k)}$ 是对应的因素轮廓. 泛函数

$$\rho: \mathscr{Q} \times \mathscr{Q} \rightarrow [0,1]$$

$\forall \boldsymbol{q}^{(i)}, \boldsymbol{q}^{(j)}, \boldsymbol{q}^{(k)} \in \mathscr{Q}$,若 ρ 满足如下条件:

(1) 有界性 $0 \leqslant \rho(\boldsymbol{q}^{(i)}, \boldsymbol{q}^{(j)}) \leqslant 1$;

(2) 正则性 $\rho(\boldsymbol{q}^{(i)}, \boldsymbol{q}^{(i)}) = 1$;

(3) 对称性 $\rho(\boldsymbol{q}^{(i)}, \boldsymbol{q}^{(j)}) = \rho(\boldsymbol{q}^{(j)}, \boldsymbol{q}^{(i)})$;

(4) 保序性 若 $\boldsymbol{q}^{(j)} > \boldsymbol{q}^{(i)} > \boldsymbol{q}^{(k)}$,则 $\rho(\boldsymbol{q}^{(j)}, \boldsymbol{q}^{(i)}) > \rho(\boldsymbol{q}^{(j)}, \boldsymbol{q}^{(k)})$.

则称 ρ 为 $\mathscr{Q}$ 上的**相似性度量**, $\rho(\boldsymbol{q}^{(i)}, \boldsymbol{q}^{(j)})$ 为 $\boldsymbol{q}^{(i)}$ 与 $\boldsymbol{q}^{(j)}$ 的**轮廓相似度**,记 $\rho^{(ij)}$.

定义 4.7 设 $\boldsymbol{q}^{(i)}, \boldsymbol{q}^{(j)}, \boldsymbol{q}^{(0)} \in \mathscr{Q}$,若 $\rho(\boldsymbol{q}^{(j)}, \boldsymbol{q}^{(0)}) > \rho(\boldsymbol{q}^{(i)}, \boldsymbol{q}^{(0)})$,则称以 $\boldsymbol{q}^{(0)}$ 为目标,在 ρ 的诱导下 $\boldsymbol{q}^{(j)}$ 优于 $\boldsymbol{q}^{(i)}$,记为 $\boldsymbol{q}^{(j)}{}_{\rho}> \boldsymbol{q}^{(i)}$.

显然,因素轮廓空间 $\mathscr{Q}$ 上的序关系$_{\rho}>$有下列性质:

(1) 非自反性 若 $\boldsymbol{q}^{(i)}{}_{\rho}> \boldsymbol{q}^{(i)}$ 一定不成立,

(2) 非对称性 若 $\boldsymbol{q}^{(j)}{}_{\rho}> \boldsymbol{q}^{(i)}$,则 $\boldsymbol{q}^{(i)}{}_{\rho}> \boldsymbol{q}^{(j)}$ 一定不成立,

(3) 传递性 若 $\boldsymbol{q}^{(j)}{}_{\rho}> \boldsymbol{q}^{(i)}$ 和 $\boldsymbol{q}^{(i)}{}_{\rho}> \boldsymbol{q}^{(k)}$ 成立,则 $\boldsymbol{q}^{(j)}{}_{\rho}> \boldsymbol{q}^{(k)}$ 成立.

由上述性质易证下面的定理.

定理 4.2 $(\mathscr{Q}, {}_{\rho}>)$ 是一个严格偏序集.

合并记$_{\rho}>$和$_{\rho}=$为$_{\rho}\geqslant$,连通性成立,即 $\forall \boldsymbol{q}^{(i)}, \boldsymbol{q}^{(j)} \in \mathscr{Q}$,则

$$\boldsymbol{q}^{(i)}{}_{\rho}> \boldsymbol{q}^{(j)}, \quad \boldsymbol{q}^{(j)}{}_{\rho}> \boldsymbol{q}^{(i)}, \quad \boldsymbol{q}^{(j)}{}_{\rho}= \boldsymbol{q}^{(i)}$$

三者必有一种关系成立.

定理 4.3 $(\mathscr{Q}, {}_{\rho}\geqslant)$ 是一个全序集.

若将定义 4.6 中的正则性修改为

$$\rho(\boldsymbol{q}^{(i)}, \boldsymbol{q}^{(i)}) = 0$$

保序性修改为

$$\rho(\boldsymbol{q}^{(j)},\boldsymbol{q}^{(i)})<\rho(\boldsymbol{q}^{(j)},\boldsymbol{q}^{(k)}),\quad \rho(\boldsymbol{q}^{(i)},\boldsymbol{q}^{(k)})<\rho(\boldsymbol{q}^{(j)},\boldsymbol{q}^{(k)})$$

则 ρ 为$(②,>)$上的归一化广义距离,其中保序性是一种拟三角不等式.

【46 因素轮廓相似性度量算法】 因素轮廓相似度的计算依赖下列算子.

定义 4.8 称 $n\times n$ 矩阵

$$\boldsymbol{R}=\begin{bmatrix} 0 & 0 & 0 & \cdots & 0 & 1 \\ 1 & 0 & 0 & \cdots & 0 & 0 \\ 0 & 1 & 0 & \cdots & 0 & 0 \\ \vdots & \vdots & \vdots & & \vdots & \vdots \\ 0 & 0 & 0 & \cdots & 0 & 0 \\ 0 & 0 & 0 & \cdots & 1 & 0 \end{bmatrix}$$

轮换算子,满足 $\boldsymbol{R}^k=\boldsymbol{E}$.

显然,轮廓算子 $\boldsymbol{P}=\boldsymbol{R}-\boldsymbol{E}$.

定义 4.9 设有 $\mathscr{F}_n$ 中的 m 个样本,称 $\dfrac{(m-1)m}{2}\times m$ 矩阵

$$\boldsymbol{D}=\begin{bmatrix} -1 & 1 & 0 & \cdots & 0 & 0 & 0 \\ -1 & 0 & 1 & \cdots & 0 & 0 & 0 \\ \vdots & \vdots & \vdots & & \vdots & \vdots & \vdots \\ -1 & 0 & 0 & \cdots & 0 & 0 & 1 \\ 0 & -1 & 1 & \cdots & 0 & 0 & 0 \\ 0 & -1 & 0 & \cdots & 0 & 0 & 0 \\ \vdots & \vdots & \vdots & & \vdots & \vdots & \vdots \\ 0 & -1 & 0 & \cdots & 0 & 0 & 1 \\ \vdots & & & & & & \vdots \\ 0 & 0 & 0 & \cdots & -1 & 1 & 0 \\ 0 & 0 & 0 & \cdots & -1 & 0 & 1 \\ 0 & 0 & 0 & \cdots & 0 & -1 & 1 \end{bmatrix} \begin{array}{l} \left.\begin{array}{l}\\ \\ \\ \\ \end{array}\right\} m-1\ 行 \\ \left.\begin{array}{l}\\ \\ \\ \\ \end{array}\right\} m-2\ 行 \\ \\ \left.\begin{array}{l}\\ \\ \end{array}\right\} 2\ 行 \\ \ 1\ 行 \end{array}$$

为 m 个样本的**因素轮廓度量算子**.

设 $\boldsymbol{X}=(x_{ij})_{m\times n}$ 为"样本×变量"型格化数据矩阵,则求一组 m 个样本的因素轮廓相似度的算法步骤如下:

（1）求规模（scale）向量

$$\mathrm{SUP} = (\sup(N_1), \sup(N_2), \cdots, \sup(N_n))$$

若因素 f_j 为连续变量且 $\sup(I_j)$ 未知，则令

$$\sup(N_j) = \max_{\forall i}\{y_{ij}\} + \delta_j$$

其中，$\delta_j > 0$ 为松弛参数.

（2）生成轮廓数据矩阵

$$\boldsymbol{Z} = \boldsymbol{Y}(\boldsymbol{R} - \boldsymbol{E})$$

（3）位势度量

$$\boldsymbol{WS} = \mathrm{abs}(\boldsymbol{DY})(\mathrm{diag}(\mathrm{SUP}))^{-1}$$

（4）姿态度量

$$\mathrm{ZT} = \mathrm{abs}(\boldsymbol{DZ})(\mathrm{diag}(\mathrm{SUP}(\boldsymbol{R}+\boldsymbol{E})))^{-1}$$

（5）样本的因素轮廓距离矩阵（行拉直）

$$\mathrm{DIST} = \mathrm{sum}((\boldsymbol{WS}.*\boldsymbol{ZT})^{\mathrm{T}})/n$$

（6）样本的因素轮廓相似度矩阵（行拉直）

$$\mathrm{SIM} = \mathrm{sum}(((1-\boldsymbol{WS}).*(1-\boldsymbol{ZT}))^{\mathrm{T}})/n$$

其中，符号". *"表示两个矩阵的对应元素相乘.

例 4.2　表 4.1 中给出的是 8 个因素原始观测数据，验证因素轮廓相似度算法满足定义 4.6 的四个基本性质.

表 4.1　样本数据

α	X					
	X_1	X_2	X_3	X_4	X_5	X_6
α_1	0	2	1.5	2.5	2	3
α_2	1	3	2.5	3.5	3	4
α_3	0.5	1	0.2	2	1.4	4
α_4	0.1	1	1.2	0.6	1.8	1.5
α_5	0	−0.7	0.2	0	0.3	0
α_6	0.5	−0.5	1	0	0.5	1.8
α_7	0.2	2.2	1.7	2.7	2.2	3.2
α_8	0.1	1	1.2	0.6	1.8	1.5

样本的构造意图如下:

(1) **评价有界性对称性** α_2 和 α_5 的差异最大,α_8 和 α_4 相等,预期

$$\text{sim}(5,2)=\text{sim}(2,5)<\text{sim}(i,j)=\text{sim}(j,i)<\text{sim}(4,8)=\text{sim}(8,4)$$
$$(i,j)\neq(2,5),(4,8)$$

(2) **评价正则性** α_8 和 α_4 相等,预期

$$\text{sim}(4,8)=1$$

(3) **评价保序性** α_8 和 α_4 相等,α_1、α_2 和 α_7 平行,α_1 和 α_7 最接近,α_2 和 α_7 次之,α_1 和 α_2 最远,预期

$$\text{sim}(1,4)=\text{sim}(1,8),\text{sim}(2,4)=\text{sim}(2,8),\text{sim}(7,4)=\text{sim}(7,8)$$
$$\text{sim}(1,7)>\text{sim}(2,7)>\text{sim}(1,2)$$

(4) **评价序化合理性** α_5 和 α_6 的姿态差异较大但位势接近,α_1 和 α_2 的姿态无异但位势较大,α_5 和 α_6 之间的相互干涉应大于 α_1 和 α_2;α_3 和 α_6 的姿态和位势差异均大但要小于 α_3 和 α_5,预期

$$\text{sim}(5,6)>\text{sim}(1,2)>\text{sim}(3,6)>\text{sim}(3,5)$$

由图 4.2 所示样本数据折线图直观地观察上述预期.

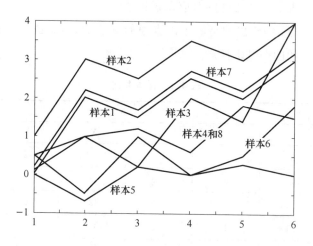

图 4.2　样本数据折线图

由因素轮廓相似度算法得到的计算结果(见表 4.2).

表 4.2　样本的轮廓相似度

样本	样本						
	2	3	4	5	6	7	8
1	0.588 7	0.601 9	0.590 0	0.289 9	0.358 2	0.917 7	0.590 0
2		0.445 4	0.295 7	0.026 4	0.158 8	0.671 0	0.295 7
3			0.490 3	0.370 3	0.436 0	0.591 6	0.490 3
4				0.548 5	0.631 0	0.549 9	1.000 0
5					0.674 7	0.237 2	0.548 5
6						0.330 0	0.631 0
7							0.549 9

显然,计算结果完全符合公理的预期.

样本的因素轮廓相似度,较 4.1 节讨论的样本相似性经典度量有更好的辨识能力. 理论上,$\forall\, \boldsymbol{x}^{(i)}, \boldsymbol{x}^{(j)}, \boldsymbol{x}^{(k)} \in I_1^* \times I_2^* \times \cdots \times I_n^*$,仅当因素轮廓 $\boldsymbol{q}^{(i)} = \boldsymbol{q}^{(j)}$ 时,$\rho^{(ik)} = \rho^{(jk)}$. 因此,使用样本的因素轮廓相似度将多维数据映射为一维数据时"几乎不产生信息损失",这为"多因素决策和优势分析"问题的解决带来极大的方便.

4.4　综合评价

综合评价是一类典型的数据科学应用分析. 本节讨论基于因素轮廓相似度的判别分析方法.

【47 因素轮廓判别分析】　设 $\mathscr{F}_n$ 为定义在论域 U 上的因素标架. 已知单因素等级评价标准,即 $\forall\, f_i \in \mathscr{F}_n, i = 1, 2, \cdots, n$,有

$$\boldsymbol{U}/f_i = \{A_1^{(i)}, A_2^{(i)}, \cdots, A_s^{(i)}\} \quad \text{且} \quad A_1^{(i)} \succ A_2^{(i)} \succ \cdots \succ A_s^{(i)}$$

设

$$\boldsymbol{x}^{(k)} = (x_{k1}, x_{k2}, \cdots, x_{kn}) \in I_1^* \times I_2^* \times \cdots \times I_n^*, \quad k = 1, 2, \cdots, m$$

为 $\mathscr{F}_n$ 上的 m 个样本,存在一个特殊因素 g,使

$$U/g = \{A_1, A_2, \cdots, A_s\} \quad 且 \quad A_1 \succ A_2 \succ \cdots \succ A_s$$

判定 $x^{(k)}$ 在 U/g 中的类属. 算法步骤如下:

(1) 数据格化变换.

(2) 建立各个类别的典型轮廓,通常以各个类别单因素评价的典型标度值向量构建典型轮廓.

(3) 计算各个样本同典型轮廓的相似度.

(4) 决策遵循"亲者相聚,疏者相分"的原则,采用简单的"最大相似度"准则:若 $\rho^{(ik)} = \max\limits_{1 \leqslant k \leqslant s} \{\rho^{(jk)}\}$,则判定 $x^{(i)} \in A_k, k = 1, 2, \cdots, s, i = 1, 2, \cdots, m$.

例 4.3 采动沉陷对地表建筑物破坏性影响及其损害等级的评价.

煤炭资源的开采与利用带来巨大的经济效益和社会效益的同时,也破坏了人类的生存环境. 关于采动沉陷对地表建筑物破坏性影响及其损害等级的评价问题,是煤炭生产和采动灾害防控所关心的重要课题.

评价的基本依据是国家煤炭工业局制定的《建筑物、水体、铁路及主要井巷煤柱留设与压煤开采规程》(煤行管字(2000)第 81 号)中给出的评价标准. 该标准根据实测墙体最宽裂缝将砖混结构建筑物损坏等级分为:轻微损坏(I)、轻度损坏(II)、中度损坏(III)和严重损坏(IV)共 4 级,并给出了地表移动的水平变形值、倾斜变形值和曲率值的对应关系,以方便基于地表移动变形预测的建筑物损害预警评价,见表 4.3.

表 4.3 采动沉陷地表建筑物损坏等级标准

损坏级别	倾斜变形值/(mm·m⁻¹)	水平变形值/(mm·m⁻¹)	曲率值/(10^{-3}m⁻¹)
I	0~3	0~2	0~0.2
II	3~6	2~4	0.2~0.4
III	6~10	4~6	0.4~0.6
IV	10~15	6~10	0.6~1.0

表 4.4 给出的是 7 个建筑物样本的地表移动变形数据.

表 4.4　建筑物样本的地表移动变形数据

样本	倾斜变形值/(mm·m^{-1})	水平变形值/(mm·m^{-1})	曲率值/(10^{-3}m^{-1})
1	2.11	3.24	0.076
2	6.12	3.80	0.182
3	8.08	5.24	0.169
4	7.47	2.75	0.085
5	6.17	3.08	0.073
6	10.72	5.20	0.132
7	4.63	0.54	0.297

评定 7 个建筑物样本的损坏等级.评价过程如下.

（1）数据格化变换

表 4.3 和表 4.4 的格化变换结果见表 4.5 和表 4.6.

表 4.5　格化评价标准

损坏级别	倾斜变形值/(mm·m^{-1})	水平变形值/(mm·m^{-1})	曲率值/(10^{-3}m^{-1})
I	0~300	0~200	0~200
II	300~600	200~400	200~400
III	600~1 000	400~600	400~600
IV	1 000~1 500	600~1 000	600~1 000

表 4.6　格化样本数据

样本	倾斜变形值/(mm·m^{-1})	水平变形值/(mm·m^{-1})	曲率值/(10^{-3}m^{-1})
1	211	324	76
2	612	380	182
3	808	524	169
4	747	275	85
5	617	308	73
6	1 072	520	132
7	463	54	297

（2）建立损坏级别的典型轮廓

由于各个单因素评价等级是等距分割的,所以取各个级别标度区间的中位数构建典型轮廓,结果见表 4.7.

表 4.7 损坏级别的典型轮廓数据

损坏级别	倾斜变形值/(mm·m⁻¹)	水平变形值/(mm·m⁻¹)	曲率值/(10⁻³m⁻¹)
I	150	100	100
II	450	300	300
III	800	500	500
IV	1 250	800	800

（3）计算 7 个样本同典型轮廓的相似度,结果见表 4.8.

表 4.8 样本同典型轮廓的相似度

等级	样本						
	1	2	3	4	5	6	7
I	0.663 2	0.383 2	0.208 5	0.379 6	0.424 5	0.080 5	0.396 6
II	0.403 3	0.571 9	0.339 5	0.405 6	0.455 1	0.168 0	0.692 5
III	0.226 8	0.518 1	0.573 4	0.417 1	0.407 3	0.390 0	0.356 4
IV	0.102 3	0.289 3	0.373 1	0.261 5	0.216 2	0.433 9	0.166 1

（4）根据"最大相似度"准则,判定结果见表 4.9.

表 4.9 样本建筑物的损害等级评价结论

样本	轮廓相似性评价	裂缝实测	模糊综合评价	物元分析
1	I	II	II	I
2	II	III	II	II
3	III	III	III	III
4	III	III	II	II
5	II	III	II	II
6	IV	IV	III	III
7	II	II	I	I

表 4.9 中,裂缝实测和模糊综合评价、物元分析为文献资料.

显然,因素轮廓相似性评价结果与墙体裂缝实测评价相近,并且就算法过程而言,轮廓相似性评价程序更简单,几乎不依赖权值和约束条件等类专家经验.

4.5　集优势评价

集优势评价是综合评价的一种变式,评价的对象从个体转变为群体.管理学领域,在层级化管理体制中广泛实行的、上级管理部门对下级单位的全员绩效考核,可以抽象地概括为"基于个体评价的群体排序"问题.

【48 集优势评价问题】　设非空集合 $U_k = \{u_i\}_{i=1}^{n_k}$,$k = 1, 2, \cdots, n$. $\forall k \neq s$,$U_k \bigcap U_s = \varnothing$,记 $U = \bigcup\limits_{k=1}^{n} U_k$,称集合 U 为一个集群,U_k 为 U 中的一个集体.

设映射

$$f_j : U \rightarrow I_j$$

即

$$\forall u_i \in U, \quad x_{ij} = f_j(u_i) \in I_j$$

称 f_j 为关于 U 上的评价因素,其中 I_j 为序集,$j = 1, 2, \cdots, p$.

定义 4.10　设集体 U_k 中各个对象 $u_i \in U_k$ 在因素标架 $(f_1, f_2, \cdots, f_p) \in \mathscr{F}_p$ 下的评价数据集合为

$$D_k = \{(x_{k_i 1}, x_{k_i 2}, \cdots, x_{k_i p}) \mid x_{k_i j} = f_j(u_i), u_i \in U_k, j = 1, 2, \cdots, p\}, \quad k = 1, 2, \cdots, n$$

并称基于数据集 D_k 对集体 U_k,$k = 1, 2, \cdots, n$ 的排序为**集优势评价**.

通常,$\forall k \neq s$,$D_k \bigcap D_s \neq \varnothing$.

集优势评价的基本思想是将多维数据集合 D_k 映射为一维数据集合 R_k,然后转化为一维区间数 $[\min R_k, \max R_k]$ 的排序问题.

【49 两个集合序关系的比对原理】　设集合 A、$B \subset \mathbf{R}$,不妨设

$$-\infty < \inf(A), \inf(B), \sup(A), \sup(B) < \infty$$

$$[\inf(A), \sup(B)] \neq \varnothing \quad \text{或} \quad [\inf(B), \sup(A)] \neq \varnothing$$

定义 4.11　称

$$\Delta = \max(\max(A), \max(B)) - \min(\min(A), \min(B))$$

$$\Delta_1 = \max(\min(A), \min(B)) - \min(\max(A), \max(B))$$

$$\Delta_2 = \max(A) - \max(B)$$

$$\Delta_3 = \min(A) - \min(B)$$

为集合 A、B 分布的**稀疏特征值**.

定义 4.12 记集合 A、B 的对称差

$$A \oplus B = C \cup D$$

其中

$$C = (\min(\max(A), \max(B)), \max(\max(A), \max(B))]$$

$$D = [\min(\min(A), \min(B)), \max(\min(A), \min(B)))$$

统计 $A \cup B$ 中元素个数 N,以及落入 C 的比率 p,落入 D 的比率 q,令

$$\Delta_4 = (p|\Delta_2| - q|\Delta_3|)/(p+q)$$

称为集合 A、B 分布的**统计特征值**. 令

$$\rho = \begin{cases} 1, & \Delta_1 = 0 \\ (p|\Delta_2| + q|\Delta_3|)/N\Delta, & \Delta_1\Delta_2 \neq 0 \text{ 或 } \Delta_1\Delta_3 \neq 0 \text{ 或 } \Delta_1\Delta_2\Delta_3\Delta_4 \neq 0 \\ 0, & \Delta_2, \Delta_3 = 0 \text{ 或 } \Delta_2\Delta_3 \neq 0, \Delta_4 = 0 \end{cases}$$

称为集合 A、B 的**分辨度**.

补充约定,当 $[\sup(B), \inf(A)] = \varnothing$ 或 $[\sup(A), \inf(B)] = \varnothing$ 时,$\rho = 1$.

定义 4.13 当 $\rho = 1$ 时,称集合 A、B 有**完全序关系**;当 $0 < \rho < 1$ 时,称集合 A、B 有**部分序关系**;当 $\rho = 0$ 时,称集合 A、B 有**零序关系**.

若集合 A、B 有完全序关系或部分序关系,统称为**有序关系**,记为 $A > B$(或 $B > A$).

若集合 A、B 有零序关系,则称 A、B 是**广义相等**的,记为 $A \approx B$.

这个定义是直观的. 当 $[\sup(B), \inf(A)] = \varnothing$ 或 $[\sup(A), \inf(B)] = \varnothing$ 时,集合 A、B 分离且一个集合完全在另一个集合的一侧,此时彼此的优劣无异议,即分辨度 $\rho = 1$. 若集合 A、B 相等或居中包含(中位数相等),且对称差的两个子集的测度相等,则二者孰优孰劣无法定论,即分辨度 $\rho = 0$. 其他情形,可以依据集合 A、B 的位置、散布和对称差的特征做出二者相对优劣的判定,此时 $0 < \rho < 1$.

定理 4.4 (两两比对算法)设 A、B 是一维实数集合,若满足条件

$$-\infty < \inf(A), \inf(B) < \sup(A), \sup(B) < \infty$$

$$[\inf(A), \sup(B)] \neq \varnothing \text{ 或 } [\inf(B), \sup(A)] \neq \varnothing$$

且集合 A、B 的稀疏特征值为 Δ_1、Δ_2、Δ_3,统计特征值为 Δ_4,分辨度为 ρ,则

(1) 若 $\Delta_1 \geq 0, \Delta_2 > 0$ 或 $\Delta_1 < 0, \Delta_2 = 0, \Delta_3 > 0$ 或 $\Delta_1 < 0, \Delta_2 > 0, \Delta_3 \geq 0$ 或 $\Delta_1 < 0, \Delta_2 > 0, \Delta_3 < 0, \Delta_4 > 0$ 或 $\Delta_1 < 0, \Delta_2 < 0, \Delta_3 > 0, \Delta_4 < 0$,则 $A > B$.

（2）若 $\Delta_1\geqslant 0,\Delta_2<0$ 或 $\Delta_1<0,\Delta_2=0,\Delta_3<0$ 或 $\Delta_1<0,\Delta_2<0,\Delta_3\leqslant 0$ 或 $\Delta_1<0$，$\Delta_2>0$，$\Delta_3<0,\Delta_4<0$ 或 $\Delta_1<0,\Delta_2<0,\Delta_3>0,\Delta_4>0$，则 $B\succ A$.

（3）若 $\Delta_1<0,\Delta_2=0,\Delta_3=0$ 或 $\Delta_1<0,\Delta_2\Delta_3<0,\Delta_4=0$，则 $B\approx A$.

由定理的条件以及定义 4.11、定义 4.12，根据集合的关系与运算性质对集合 A、B 在数轴上的各种相对位置关系进行讨论，由定义 4.13 结论显然.

可以证明，定理 4.4 的逆命题也成立.

【50 多个集合的一致性排序原理】 设集合 $A_1,A_2,\cdots,A_n\subset\mathbf{R}$，$\forall i\neq j$，满足条件

$$-\infty<\inf(A_i),\inf(A_j)<\sup(A_i),\sup(A_j)<\infty$$

$$[\sup(A_i),\inf(A_j)]\neq\varnothing \quad 或 \quad [\sup(A_j),\inf(A_i)]\neq\varnothing,i,j=1,2,\cdots,n$$

定理 4.5 将关系 $A\succ B$ 和 $A\approx B$ 合并记为 $A_i\succcurlyeq A_j$. $\forall A_i,A_j,A_k,i,j,k=1$，$2,\cdots,n$，序关系"$\succcurlyeq$"是一个偏序关系，即

（1）$A_i\succcurlyeq A_i$.

（2）若 $A_i\succcurlyeq A_j,A_j\succcurlyeq A_i$ 时，则 $A_i\approx A_j$.

（3）若 $A_i\succcurlyeq A_j,A_j\succcurlyeq A_k$ 时，则 A_i 以概率 1 优于 A_k，即 $A_i\succcurlyeq A_k$.

证明 （1）结论显然.

（2）当 $A_i\succcurlyeq A_j,A_j\succcurlyeq A_i$ 时，根据定理 4.4 及逆命题，可排除 $\Delta_1^{ij}<0,\Delta_2^{ij}=0$，$\Delta_3^{ij}=0$ 或 $\Delta_1^{ij}<0,\Delta_2^{ij}\Delta_3^{ij}<0,\Delta_4^{ij}=0$ 以外的其他情形，所以 $A_i\approx A_j$.

（3）详细的证明篇幅较长，这里仅对（3）的证明作简要提示. 由定义 4.13，有

$$A_i\succcurlyeq A_j,A_j\succcurlyeq A_k\Leftrightarrow\begin{cases}A_i\succ A_j \text{ 且 } A_j\succ A_k\\ A_i\succ A_j \text{ 且 } A_j\approx A_k(\text{或 } A_i\approx A_j \text{ 且 } A_j\succ A_k)\\ A_i\approx A_j \text{ 且 } A_j\approx A_k\end{cases}$$

在情形"$A_i\succ A_j$ 且 $A_j\succ A_k$"和"$A_i\approx A_j$ 且 $A_j\approx A_k$"下，结论显然.

在情形"$A_i\succ A_j$ 且 $A_j\approx A_k$"下，由定理 4.4 的逆命题可知，$\Delta_1^{ij}<0$ 且 $\Delta_1^{jk}<0$. 此时，"$A_i\succ A_j$"在数轴上存在 4 种不同相对位置关系，"$A_j\approx A_k$"也存在 3 种不同情形，共有 12 种组合.

下面仅就相对位置关系"$\Delta_2^{ij}=0,\Delta_3^{ij}>0,\Delta_2^{jk}=0,\Delta_3^{jk}=0$"推论（3）的结论：

由定义 4.11，"$\Delta_2^{ij}=0,\Delta_2^{jk}=0$"表明 A_i,A_j 的上界点相等，A_j,A_k 的上界点相等，所以 A_i,A_k 的上界点相等，即 $\Delta_2^{ik}=0$.

又"$\Delta_3^{ij}>0,\Delta_3^{jk}=0$"表明 A_i 的下界点大于 A_j 的下界点,而 A_j,A_k 的下界点相等,所以 A_i 的下界点大于 A_k 的下界点,即 $\Delta_3^{ik}>0$.

所以,由 $\Delta_2^{ik}=0$ 和 $\Delta_3^{ik}>0$,由定理 4.6 可知,$A_i>A_k$,即(3)的结论成立.

定义 4.14 设 n 阶对称方阵 $\boldsymbol{P}=(p_{ij})$ 为集合 $A_1,A_2,\cdots,A_n$ 的序关系"$\geqslant$"的比对矩阵,其中 p_{ij} 按下列规则赋值:若 $A_i\geqslant A_j$,则 $p_{ij}=1$;若 $A_j>A_i$,则 $p_{ij}=0$.

定义 4.15 设 $\boldsymbol{P}$ 为集合 $A_1,A_2,\cdots,A_n$ 的两两比对矩阵,$\boldsymbol{P}^{\mathrm{T}}$ 是 $\boldsymbol{P}$ 转置矩阵,$\boldsymbol{B}=\boldsymbol{P}\vee\boldsymbol{P}^{\mathrm{T}}$ 是布尔和矩阵. 令 $\boldsymbol{S}=\bigvee_{k=1}^{n}\boldsymbol{B}^k$,其中 $\boldsymbol{B}^k$ 是布尔乘方矩阵

$$\boldsymbol{B}^1=\boldsymbol{B},\quad \boldsymbol{B}^k=\boldsymbol{B}^{k-1}\wedge\boldsymbol{B}^1,\quad k=1,2,\cdots,n$$

若存在正整数 n,使矩阵 $\boldsymbol{S}$ 中所有元素等于 1,则称矩阵 $\boldsymbol{P}$ 为**一致性比对矩阵**.

定理 4.6 若集合 $A_1,A_2,\cdots,A_n$ 具有偏序关系"$\geqslant$",则其比对矩阵 $\boldsymbol{P}$ 是一致性比对矩阵.

证明 设集合 $A_1,A_2,\cdots,A_n\subset\mathbf{R}$,记 $V=\{A_1,A_2,\cdots,A_n\}$,$E=\{A_i\geqslant A_j\}$,则 $G=<V,E>$ 是一个有向图,$A_1,A_2,\cdots,A_n$ 两两比对矩阵 $\boldsymbol{P}$ 是有向图 G 的邻接矩阵. 由定义 4.15 中 $\boldsymbol{S}$ 的构造可知,$\boldsymbol{S}$ 是有向图 G 的可达性矩阵.

又因为"$\geqslant$"是偏序关系,所以有向图 G 弱连通. 而有向图 G 弱连通的充要条件是 $\boldsymbol{S}$ 为全 1 矩阵. 所以,由定义 4.15 两两比对矩阵 $\boldsymbol{P}$ 是一致性比对矩阵.

由定理 4.5 和定理 4.6,集合 $A_1,A_2,\cdots,A_n$ 按序关系"$\geqslant$"的可排序问题,等价于有向图 G 的弱连通性.

推论 一致性比对矩阵 $\boldsymbol{P}$ 存在全 1 行向量.

证明 由定义 4.15 中布尔和矩阵 $\boldsymbol{S}$ 的构造可知,矩阵 $\boldsymbol{P}$ 存在全 1 行向量是存在正整数 n,使矩阵 $\boldsymbol{S}$ 为全 1 矩阵的必要条件.

【51 集优势评价算法】 称 U_k 为论域 U 中的一个群体,D_k 是 U_k 的 p 维(因素得分)数据集,A_k 是 D_k 关于论域 U 上极化优轮廓的轮廓相似度集合,群体 U_k 之间的整体优势关系等价于集合 A_k 之间的序关系,$k=1,2,\cdots,n$.

按这一思想,群体 U_k 整体优势关系的判定或多维数据集合 $D_k,k=1,2,\cdots,n$ 的排序算法如下.

(1)确定极点向量

$$\boldsymbol{x}^{(0)}=(\mathrm{polar}(I_1),\mathrm{polar}(I_2),\cdots,\mathrm{polar}(I_p))$$

其中,polar(I_j)为因素 f_j 的相空间 I_j 中"最优"概念对应的相态,$j=1,2,\cdots,p$.

(2) 求个体的因素轮廓相似度

计算各个集体 U_k 中每个个体 u_{ki} 关于极点的因素轮廓相似度 $\alpha^{(i0)}$,即将 p 维数据集合 D_k 变换为一维集合为 $A_k,k=1,2,\cdots,n$.

(3) 求集合 A_k 的两两比对矩阵

计算 A_i 和 A_j 的分布特征 $\Delta_1^{(ij)}$,$\Delta_2^{(ij)}$,$\Delta_3^{(ij)}$,$\Delta_4^{(ij)}$ 和分辨度 $\rho^{(ij)}$,$i,j=1,2,\cdots,n$,$i<j$.进而,写出比对矩阵 $\boldsymbol{P}$.

(4) 比对矩阵上的排序操作

记初始比对矩阵 $\boldsymbol{P}=\boldsymbol{P}^{(0)}$.

① 找出矩阵 $\boldsymbol{P}^{(0)}$ 的全 1 行(元素均为 1),不妨设为第 k_1 行,则该行对应的集合 A_{k_1} 胜出(最优).

② 从矩阵 $\boldsymbol{P}^{(0)}$ 中删除 k_1 行和 k_1 列,余子矩阵记为 $\boldsymbol{P}^{(1)}$,称为第一轮更新比对矩阵.

在更新比对矩阵 $\boldsymbol{P}^{(1)}$ 上重复①和②的操作,直至将矩阵 $\boldsymbol{P}$ 删空.

记每一轮操作的胜出集合为 $A_{k_1},A_{k_2},\cdots,A_{k_n}$,则

$$A_{k_1}>A_{k_2}>\cdots>A_{k_n}\Leftrightarrow D_{k_1}>D_{k_2}>\cdots>D_{k_n}\Leftrightarrow U_{k_1}>U_{k_2}>\cdots>U_{k_n}$$

注意,若在某一轮操作中胜出集合 A_{k_i} 和下一轮胜出集合 $A_{k_{i+1}}$ 广义相等,则将">"改记为"≈".

容易证明,步骤(4) 中的集合排序操作与冒泡排序算法等价.

例 4.4　集优势评价算法重构 UCI 数据集 User Knowledge Modeling 中各个类别的集优势关系. User Knowledge Modeling 数据集源自土耳其 Gazi 大学工学院 Hamdi Tolga Kahraman,Ilhami Colak,Seref Sagiroglu 等人对本科学生知识水平问题的研究论文,收录了 403 个学生的目标课程的学习时间(STG)、复习次数(SCG)、达标测试成绩(PEG)、相关知识的研究时间(STR)和研究性学习的测试成绩(LPR)等 5 项因素的评价数据,数据规范为$[0,1]$区间上的实数值.

研究者采用 Bayes 概率修正的 k-近邻算法,将学生的知识水平(UNS)划分为非常低(Very Low,50 人)、低(Low,129 人)、中(Middle,122 人)、高(High,102 人)四个等级类,优势关系为 High>Middle>Low>VeryLow.

各个等级的样本数据在每个因素上的分布情况见图 4.3.

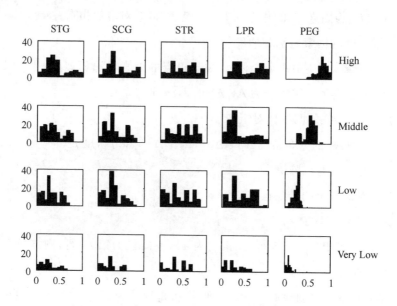

图 4.3　各个等级不同因素的样本数据直方图

由图 4.3 可知,同一等级不同因素高度相关;不同等级除在因素 PEG 上部分可分辨,在其他因素上几乎不可分辨. 因此,多因素数据集 User Knowledge Modeling 的各个子集 Very Low、Low、Middle、High 的排序是一个较为复杂的问题.

由集优势评价算法重构集合 Very Low、Low、Middle、High 之间的顺序,由各个因素的最大相态值构造极点,计算各个样本与极点的因素轮廓相似度,进而计算集比对分辨度,结果见表 4.10.

表 4.10　集比对分辨度

	Middle	Low	Very Low
High	0.002	0.024	0.169
Middle		0.004	0.106
Low			0.027

可见集间存在部分序关系($0 < \rho < 1$),相应一致性比对矩阵见表 4.11.

表 4.11 各个集优势关系的一致性比对矩阵

	High	Middle	Low	Very Low
High	1	1	1	1
Middle	0	1	1	1
Low	0	0	1	1
Very Low	0	0	0	1

由定理 4.6 之推论和集优势评价算法,集合 Very Low、Low、Middle、High 之间的重构序关系为

$$0.002 \quad 0.004 \quad 0.027$$
$$\text{High} \succ \text{Middle} \succ \text{Low} \succ \text{Very Low}$$

与资料中给出的序关系一致.

4.6 聚 类 分 析

聚类和分类(判别)是数据挖掘领域的两个核心主题,聚类算法研究是无监督机器学习算法研究经久不衰的热点.

在泛因素空间的思想框架下,基于格坐标系的聚类分析算法研究尚未深入,主要工作是以样本的因素轮廓相似度为基础度量,嵌入经典聚类算法的应用.具体地讲,将因素轮廓相似度转化为归一化广义距离,详见 4.3 节的讨论,建立样本之间两两比对的距离矩阵,然后按谱系聚类算法进行聚类分析;或嵌入 k-均值聚类算法进行应用.结果表明,由于因素轮廓距离较其他常用距离有更好的分辨度(将坐标信息转化为距离关系的过程中,因素轮廓距离的信息损失更小),一般聚类效果有所改善.对此类工作,这里不再赘述.

对于多因素数据对象,"在聚类的同时形成序概念"更有管理学价值.

【52 因素轮廓投影分割算法】 设 $x^{(k)} = (x_{k1}, x_{k2}, \cdots, x_{kn}) \in I_1^* \times I_2^* \times \cdots \times I_n^*$, $k = 1, 2, \cdots, m$ 为 $\mathscr{F}_n$ 上的 m 个样本,g 是一个称为"聚类"的分类因素,使

$$\{x^{(k)}\}/g = \{A_1, A_2, \cdots, A_s\} \quad \text{且} \quad A_1 \succ A_2 \succ \cdots \succ A_s$$

下面给出一种基于因素轮廓空间 $\mathcal{Q}$ 上的序关系$_\rho$ ≽构造的聚类算法,用以解决多因素数据对象的等级分割问题.我们不妨称之为**因素轮廓投影分割算法**,算法步

骤如下.

（1）**建立极化优轮廓**

在一般情况下，不同因素的"极性"是不同的. 若一个因素的相态值"越大越好"，则取该因素相态的最大值为**极点**. 对于"越小越好"或"适中为好"的情形，极点为相态的最小值或中值. 依此类推，设 $x^{(0)}$ 是由各个因素的极点构成的数据向量，对应的因素轮廓 $q^{(0)}$ 称为**极化优轮廓**.

（2）**样本轮廓投影**

求样本 $x^{(i)}$ 的因素轮廓 $q^{(i)}$，$i=1,2,\cdots,n$ 与极化优轮廓 $q^{(0)}$ 的相似度 $\rho^{(i)}$，即将多因素样本 $x^{(i)}$ 按相似度 $\rho^{(i)}$ 投影到由 $x^{(0)}$ 吸引的一维空间中.

不妨记

$$\rho^{(1)} \leqslant \rho^{(2)} \leqslant \cdots \leqslant \rho^{(n)}$$

（3）**等级评定**

对有序数集

$$P = \{\rho^{(1)}, \rho^{(2)}, \cdots, \rho^{(n)}\}$$

用 Fisher 最优分割算法进行聚类分析.

例 4.5　河流对地下水源影响程度的评价. 地表水的渗透对地下水的影响是一个复杂的非线性过程，影响程度的评价问题一直以来受水文地质与工程地质相关研究的关注. 表 4.12 是 1989 年 9 月至 1990 年 12 月西安某河流附近 15 个观测站水位数据.

表 4.12　水位观测数据

站点	时序观测动态变化数据											
	1	2	3	4	5	6	7	8	9	10	11	12
1	69.05	69.05	69.11	69.17	69.30	69.29	69.32	68.22	69.22	69.33	69.34	69.29
2	71.47	71.30	71.32	71.28	71.42	71.44	71.43	71.11	71.61	71.75	71.38	71.92
3	72.63	72.59	72.56	72.38	72.55	72.38	72.41	72.11	72.58	72.63	72.64	72.62
4	71.10	71.56	71.63	71.34	71.58	71.65	71.57	71.30	71.60	71.70	71.79	71.69
5	72.24	72.33	72.27	72.24	72.31	72.32	72.49	72.32	72.46	72.54	72.55	72.47
6	72.54	72.45	72.50	72.52	72.52	72.49	72.50	72.23	72.46	72.62	72.62	72.62

站点	时序观测动态变化数据											
	1	2	3	4	5	6	7	8	9	10	11	12
7	73.43	73.43	73.42	73.25	73.30	73.33	73.29	73.29	73.33	73.35	73.36	73.40
8	67.89	68.01	68.01	67.88	67.90	67.75	67.56	67.33	67.74	67.76	67.76	67.68
9	66.20	66.24	66.26	66.21	66.28	66.37	66.46	66.15	66.33	66.40	66.38	66.31
10	66.23	66.27	66.30	66.28	66.41	66.40	66.58	66.29	66.48	66.51	66.47	66.35
11	71.24	71.44	71.44	71.24	71.33	71.20	71.18	70.91	71.03	71.25	71.24	71.13
12	69.02	68.95	68.96	69.09	69.68	69.89	69.86	69.73	69.58	69.30	69.27	69.18
13	68.87	68.94	69.21	69.37	69.68	69.35	69.62	69.67	69.52	69.42	69.30	69.11
14	68.87	68.99	69.32	69.47	69.64	69.87	69.61	69.47	69.70	69.46	69.25	68.97
15	72.34	72.41	72.79	72.94	73.17	72.52	73.08	72.88	73.21	72.94	72.68	72.40

对表 4.12 中的 15 个样本用因素轮廓投影分割算法进行聚类分析.

研究地表水对地下水位的影响问题,不同观测点的最高水位是一个关键的评价因素.因此,由各个样本在同一时间水位的最大值

$$\boldsymbol{x}^{(0)} = (73.43, 73.43, 73.42, 73.25, 73.30, 73.33, 73.29, 73.29, 73.33,$$
$$73.35, 73.36, 73.40)$$

建立极化优轮廓.

注意, $\boldsymbol{x}^{(0)} = \boldsymbol{x}^{(7)}$.

计算各个样本的因素轮廓同极化优轮廓之间的轮廓相似度,见表 4.13.

表 4.13　15 个观察点水位数据同最高水位的因素轮廓相似度

样本	1	2	3	4	5	6	7	8	9	10	11	12	13	14	15
相似度	0.40	0.72	0.87	0.73	0.86	0.87	1.000	0.21	0.00	0.01	0.69	0.43	0.43	0.43	0.90

因素轮廓相似度数据的散点图见图 4.4.

对表 4.13 的相似度值进行 Fisher 最优分割,分类损失函数梯度变化特征见图 4.5.

显然,15 个观察点划分为 5 个类别是适当的,划分结果见表 4.14.

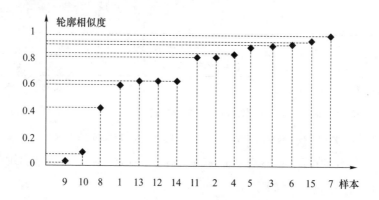

图 4.4　样本的因素轮廓相似度值聚集特征

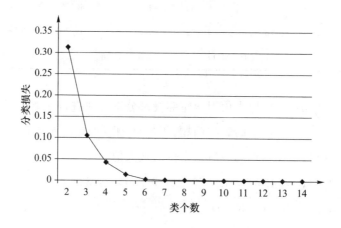

图 4.5　分类损失函数梯度变化特征

表 4.14　聚类结果及对比资料

聚类算法	有序类别				
	I	II	III	IV	V
因素轮廓投影分割聚类	3,5,6,7,15	2,4,11	1,12,13,14	8	9,10
k-均值聚类	7	3,5,6,15	2,4,11	1,12,13,14	8,9,10
投影寻踪动态聚类	3,5,6,7,15	2,4,11	1,12,13,14	8	9,10
模糊综合评价	3,5,6,7,15	2,4,11	1,12,13,14	8	9,10
人工神经网络学习	3,5,6,7,15	2,4,11	1,12,13,14	8	9,10
免疫进化算法	3,5,6,7,15	2,4,11	1,12,13,14	8	9,10

表 4.14 中,投影寻踪动态聚类、模糊综合评价、人工神经网络学习、免疫进化算法为文献资料.

由表 4.14 可知,因素轮廓投影分割聚类结果同投影寻踪动态聚类、模糊综合评价、人工神经网络学习、免疫进化算法的聚类结果一致,与 k-均值聚类的认知不同.

表中的 5 个类别是有序的,与 15 个观察点的实际情况是相符的. Ⅰ 类主要分布在漫滩一带,以接受河水的补给为特征,属水文强影响带;Ⅱ 类主要分布在河道的一级阶地,属水文中等影响带;Ⅲ 类主要分布在水道的一级阶地中后缘,属水文弱影响带;Ⅳ、Ⅴ 类分布在一级阶地后缘,距河水较远,属水文非影响带.

图 4.4 基于样本同"优轮廓"之间的因素轮廓相似度数据,较为真实地反映了上述"类序"关系.

表 4.14 中各种算法的聚类机理不同,但对 15 个样本的评价有较高的共识(除 k-均值聚类外),映射出因素轮廓投影分割聚类算法的优点:

(1) 同投影寻踪动态聚类、模糊综合评价、自组织神经网络算法、基于免疫进化算法的投影寻踪聚类算法比较,在算法原理和计算代价方面因素轮廓投影分割算法更简单.

同 k-均值算法比较,计算原理相似,计算代价相当,但是因素轮廓投影分割算法的聚类结果更符合实际,在聚类的同时获得了"类序"的概念,知识更深刻.

(2) 因素轮廓投影分割算法适宜小样本应用,几乎不依赖样本数据之外的先验信息,分析过程不需要更多的专家知识.

(3) 因素轮廓投影分割算法与"投影寻踪"算法一样属于降维分析算法,其"投影"灵活而直观,一维的轮廓相似度关系能够很好地表征多维的样本关系,同主成分(PCA)投影比较,信息损失更小.

第5章 数据分类的差转计算算法

5.1 分类问题概述

【53 分类问题与分类算法】 分类问题是统计决策领域的一个经典主题,也是数据科学的数据挖掘领域的核心主题之一.

设 g 为论域 U 上的先验分类因素,$U/g = \{A_1, A_2, \cdots, A_r\}$,$r < \infty$. 所谓**分类问题**,亦称**统计判别问题**,即 $\forall u \in U$,判断 $u \in A_i$,$i = 1, 2, \cdots, r$ 中的哪一个成立.

在数据科学应用中,论域 U 中的对象往往由有限个因素 $f_1, f_2, \cdots, f_s$ 表征,即 $\forall u \in U$,有数据

$$(x_1, x_2, \cdots, x_s) = (f_1(u), f_2(u), \cdots, f_s(u)) \in I_1 \times I_2 \times \cdots \times I_s$$

不妨记

$$\mathscr{A} = \mathscr{A}(f_1, f_2, \cdots, f_s)$$
$$\mathscr{A}(u) = (x_1, x_2, \cdots, x_s)$$

依泛因素空间的思想原理,$\mathscr{A}$ 是由"标架"因素 $f_1, f_2, \cdots, f_s$ 按某种规则或程序,由因素的基本运算建构出来的 U 上的新因素.

于是,"$\forall u \in U$,判断 $u \in A_i$"的问题重述为判断

$$\overset{\leftarrow}{\mathscr{A}}(x_1, x_2, \cdots, x_s) \subseteq A_i$$

是否成立.

通常,称 $\mathscr{A}$ 为**分类器**或**分类算法**.

一般而言,分类器按计算原理可以分为如下三种.

（1）**硬计算分类器**

硬计算分类器是一种程式化的执行程序,遵循刚性规则计算,如距离判别法、Fisher 判别法、Bayes 判别法. 算法的基本特征,一是多因素信息的综合与压缩,二是建立分类阈值.

（2）**软计算分类器**

软计算分类器是一种经验化的思考程序,多遵循"逼近原理＋反馈机制",有"自适应性",以简单规则重复迭代计算,如人工神经网络、支持向量机等算法.

此类算法一般需要机器学习,设样本集 $U^{(D)} \subset U$, $\forall u \in U^{(D)}$,在样本数据集

$$D = (I_1 \times I_2 \times \cdots \times I_s) \times I_g$$

上形成**经验分类规则**

$$U^{(D)} / \mathscr{A} = \{A_1^*, A_2^*, \cdots, A_r^*\}$$

满足条件

$$A_i^* \subseteq A_i, \quad i = 1, 2, \cdots, r$$

然后,按三段论第一格推理应用

$$A_i^* \subseteq A_i, i = 1, 2, \cdots, r$$

$$\frac{u \in \overset{\leftarrow}{\mathscr{A}}(x_1, x_2, \cdots, x_s) \subseteq A_i^*}{u \in A_i}$$

（3）**智能计算分类器**

一般遵循软计算规则,依据事物间的本质联系和逻辑关系,嵌入人脑在模式识别过程中思维与推理的某种机制而形成的复杂分类器,如决策树算法、深度学习.

此类算法通过机器学习来建立经验分类规则,实现样本分类.

对于诸多分类算法,限于篇幅,仅简要介绍作为差转计算算法对比算法的决策树 C4.5 算法.

【54 决策树算法】　决策树算法是数据挖掘领域中一种典型的分类方法.基于归纳算法生成的可读规则与"树形"表达,在一定程度上符合人脑解决分类问题的思维过程,往往被人们认为是一种智能模拟算法.

下面以决策树 C4.5 算法为例,简介决策树算法的原理和步骤. 从数学的观点来看,C4.5 算法是一种以信息熵为基本工具、通过信息增益的性质逐步逼近先验分类的计算过程.

设样本数据集

$$D = (I_1 \times I_2 \times \cdots \times I_s) \times I_g$$

含有 n 个样本

$$(x_{k1}, x_{k2}, \cdots, x_{ks}) \in I_1 \times I_2 \times \cdots \times I_s, k = 1, 2, \cdots, n$$

其中

$$I_g = \{1, 2, \cdots, r\}$$

为分类因素 g 的相空间,习惯上称 I_g 中的元素为"类标签",商集

$$D/g = \{D_1, D_2, \cdots, D_r\}$$

为先验分类.

又设

$$I_i = \{1, 2, \cdots, n_i\}, i = 1, 2, \cdots, s$$

为第 i 个条件因素(观测变量)f_i 的相空间,假定

$$D/f_i = \{C_1, C_2, \cdots, C_{n_i}\}$$

记分类因素 g 的信息熵

$$H(g) = -\sum_{j=1}^{r} \frac{\#D_j}{n} \log \frac{\#D_j}{n}$$

条件因素 f_i 的信息熵

$$H(f_i) = -\sum_{k=1}^{n_i} \frac{\#C_k}{n} \log \frac{\#C_k}{n}$$

条件因素 f_i 与分类因素 g 的"节点"关联信息熵

$$H(f_i^{(k)}) = -\sum_{j=1}^{r} \frac{\#C_k \bigcap D_j}{\#C_k} \log \frac{\#C_k \bigcap D_j}{\#C_k}, k = 1, 2, \cdots, n_i$$

进而,定义因素 f_i 的"节点"信息增益

$$\text{Gain}(f_i) = H(g) - \sum_{k=1}^{n_i} \frac{\#C_k}{n} H(f_i^{(k)})$$

信息增益率

$$\text{Gain\_ratio}(f_i) = \frac{\text{Gain}(f_i)}{H(f_i)}$$

C4.5 算法采用启发式决策准则.首先,从可用条件因素中选择部分信息增益较大(大于平均水平)的因素;然后,按最大信息增益率准则做出分类决策.

C4.5 算法的经验分类规则有良好的可解释性,这是其备受推崇的根本原因.

任何一种基于统计相关性的机器学习算法,经验知识的稳健性同训练数据集的容量正相关. 因此,C4.5 算法经验分类规则的有效性依赖训练数据集的代表性和容量.

由关联信息熵 $H(f_i^{(k)})$ 的定义可知,C4.5 算法的决策倚重因素 f_i 和 g 的统计相关性,建立经验分类规则的过程并非因果性推理. 也就是说,C4.5 算法经验分类规则的应用,不仅存在源自训练数据集的随机性风险,而且隐含相关性推理的方法性偏差. 这也是导致决策树产生冗余"树枝"和过拟合问题的原因.

【55 算法有效性评价】　一般而言,机器学习算法的构造往往基于简单原理,算法的自适应和学习特性决定算法经验知识的泛化有效性.

在机器学习领域,通常将样本数据集分割为算法的训练集和评估(测试)集. 在训练集上形成算法经验知识;在评估集上,评价算法经验知识的泛化有效性.

基于泛因素空间的思想原理,关于算法有效性评价的讨论不仅提供了新的视角,还同机器学习中经典的模型评估与选择的讨论相通.

对于论域 U 上的一个多因素分类问题,g 为先验分类因素,$U/g=\{A_1,A_2,\cdots,A_r\}$,$\mathscr{A}=\mathscr{A}(f_1,f_2,\cdots,f_s)$ 为一个分类算法.

设
$$D=(I_1\times I_2\times\cdots\times I_s)\times I_g$$
样本数据集,记 $D^{(T)}$ 和 $D^{(E)}$ 分别为算法 $\mathscr{A}$ 的训练数据集和评估数据集,满足
$$D^{(T)}\bigcup D^{(E)}=D \quad 且 \quad D^{(T)}\bigcap D^{(E)}=\varnothing$$

假定由 $\mathscr{A}$ 在训练数据集上建立的经验分类规则为
$$D^{(T)}/\mathscr{A}=\{A_1^*,A_2^*,\cdots,A_r^*\}$$

在评估数据集 $D^{(E)}$ 上评价算法 $\mathscr{A}$ 的泛化有效性问题,等价于在 $D^{(E)}$ 上估计 $\mathscr{A}$ 和 g 的关联性.

一般的,采用交叉列联分析方法,在数据集 $D^{(E)}$ 统计事件"在 $u\in A_i^*$ 的条件下,$u\in A_j$"发生的频数,结果见表 5.1.

表 5.1　算法有效性评价基础数据表

算法分类	先验分类 $D^{(E)}/g$					$\mathscr{A}$ 的类分布
$D^{(E)}/\mathscr{A}$	A_1	⋯	A_j	⋯	A_r	
A_1^*	n_{11}	⋯	n_{1j}	⋯	n_{1r}	n_{1+}
⋮	⋮		⋮		⋮	⋮
A_i^*	n_{i1}	⋯	n_{ij}	⋯	n_{ir}	n_{i+}
⋮	⋮		⋮		⋮	⋮
A_r^*	n_{r1}	⋯	n_{rj}	⋯	n_{rr}	n_{r+}
g 的类分布	n_{+1}	⋯	n_{+j}	⋯	n_{+r}	n

在表 5.1 的基础上,定义算法 $\mathscr{A}$ 的预测能力

$$\lambda_{g|\mathscr{A}} = \frac{1}{r} \sum_{i=1}^{r} \mathrm{Pro}(u \in A_i \mid u \in A_i^*) = \frac{1}{r} \sum_{i=1}^{r} \frac{n_{ii}}{n_{i+}}$$

错误率

$$e_{\mathscr{A}|g} = \frac{1}{r} \sum_{j=1}^{r} \mathrm{Pro}(u \notin A_j^* \mid u \in A_j) = \frac{1}{r} \sum_{j=1}^{r} \left(1 - \frac{n_{jj}}{n_{+j}}\right)$$

注意,$\lambda_{g|\mathscr{A}} \neq 1 - e_{\mathscr{A}|g}$.

更一般的,按 3.3 节的分析原理,算法 $\mathscr{A}$ 的预测能力由有向熵关联信息

$$\mathrm{RI}_{g|\mathscr{A}} = \frac{H(g) - H_{\mathscr{A}}(g)}{H(g)}$$

或有向协调系数

$$\gamma_{g|\mathscr{A}} = \frac{C - D}{\dfrac{n(n-1)}{2} - T_{\mathscr{A}}}$$

度量.

通常,决定度的概念和度量方法不适用于算法泛化有效性评价. 但是,商集关联度

$$q = \frac{1}{n} \sum_{\forall k} \#_{D^{(E)}/g \vee \mathscr{A}} C_k \max_{A_i \cup A_j^* \subseteq C_k} \left\{ \frac{\#_{D^{(E)}/g \wedge \mathscr{A}} A_i \bigcap A_j^*}{\#_{D^{(E)}/g \wedge \mathscr{A}} A_i \bigcup A_j^*} \right\}$$

可以作为数据集 $D^{(E)}$ 代表性的评价指标.

通常,在 $I_g = \{1,2\}$ 的情形,$U/g = \{[1]_g, [2]_g\}$. 此时,算法有效性评价等价于一个特殊的统计检验问题,即在数据集 $D^{(E)}$ 上检验算法 $\mathscr{A}$ 决策的正确性. 通常,算法 $\mathscr{A}$ 的分类结果由一个 2×2 列联表描述,称为算法的**混淆矩阵**,见表 5.2.

表 5.2　算法 $\mathscr{A}$ 的混淆矩阵

g 的分类	$\mathscr{A}$ 的分类	
	$[1]_{\mathscr{A}}$	$[2]_{\mathscr{A}}$
$[1]_g$	$n_{11}=\#\,(u\in[1]_{\mathscr{A}}\,|\,u\in[1]_g)$	$n_{12}=\#\,(u\in[2]_{\mathscr{A}}\,|\,u\in[1]_g)$
$[2]_g$	$n_{21}=\#\,(u\in[1]_{\mathscr{A}}\,|\,u\in[2]_g)$	$n_{22}=\#\,(u\in[2]_{\mathscr{A}}\,|\,u\in[2]_g)$

常用评价指标如下：

（1）**错误率**

$$e_{\mathscr{A}|g}=\frac{n_{1+}}{n}\frac{n_{12}}{n_{1+}}+\frac{n_{2+}}{n}\frac{n_{21}}{n_{2+}}=\frac{n_{12}+n_{21}}{n}$$

（2）**准确率**

$$c_{\mathscr{A}|g}=1-e_{\mathscr{A}|g}=\frac{n_{11}+n_{22}}{n}$$

（3）**查全率**

$$R=\frac{n_{11}}{n_{1+}}=\frac{n_{11}}{n_{11}+n_{12}}$$

（4）**敏感度**

$$S=\frac{n_{22}}{n_{2+}}=\frac{n_{22}}{n_{21}+n_{22}}$$

（5）**查准率**

$$P=\frac{n_{11}}{n_{+1}}=\frac{n_{11}}{n_{11}+n_{21}}$$

（6）F_β**度量**　查准率和查全率通常负关联，若一个的值增大另一个的值则减小．因此，应用中使用这两个指标的加权调和均值

$$\frac{1}{F_\beta}=\frac{1}{1+\beta^2}\left(\frac{1}{P}+\frac{\beta^2}{R}\right)$$

或

$$F_\beta=\frac{(1+\beta^2)\,PR}{\beta^2 P+R}$$

称为 F_β-度量，$\beta>0$．

容易理解，在表 5.1 上定义的各项指标可以直接在表 5.2 中应用；反之，在表 5.2 上定义的各项指标可以拓展到表 5.1，逐一求各个类别的查准率和查全率后取平均值，称为**宏查准率**和**宏查全率**，代入 F_β-度量公式可得**宏 F_β-度量**．

关于更深入的算法泛化有效性分析问题,限于篇幅不再赘述.

5.2　差转计算算法描述

【56 差转计算算法原理】　和倚重因素 f_j 和 g 的统计相关性的决策树 C4.5 算法不同,基于因素空间理论对分类算法的研究,以因果关系为基础建立样本分类的推理和决策机制.

一般的,在论域 U 上,设 g 为分类问题中先验的分类因素,相空间 $I_g=\{1, 2,\cdots,r\}$;为描述方便,假定 f_j 为有限相态的分类观测因素,规范相空间 $I_j=\{0, 1,2,\cdots,n_i\}$,$j=1,2,\cdots,s$.

定义 5.1　设 $\mathscr{F}=\{f_j\}_{j=1}^s$ 为有限因素(格)标架,称笛卡儿积

$$U\times(I_1\times I_2\times\cdots\times I_s)\times I_g$$

为一个分类问题的**背景**,扩展的样本数据集(矩阵)

$$D_{n\times(s+2)}=\{[u_k]_{n\times1},[f_j(u_k)]_{n\times s},[g(u_k)]_{n\times1}\}$$

称为建构分类算法 $\mathscr{A}$ 的**工作表**,其中 $[f_j(u_k)]_{n\times s}$ 为**观测数据**,扩展信息 $[u_k]_{n\times1}$ 称为**样本**,$[g(u_k)]_{n\times1}$ 称为**分类标签**.

记 $D^{(T)}\subset D_{n\times(s+2)}$ 为算法 $\mathscr{A}$ 的训练数据集,在 $D^{(T)}$ 上的数据挖掘旨在得到算法 $\mathscr{A}$ 的经验分类规则.

定义 5.2　在 $D^{(T)}$ 上,若

$$\hat{\alpha}_{g|f^*}=\max_{\forall f\in\{f_j\}_{j=1}^s}\hat{\alpha}_{g|f}$$

则称 f^* 为**优势因素**,其中 $\hat{\alpha}_{g|f}$ 为决定度 $\alpha_{g|f}$ 的统计估计.

定义 5.3(差转计算算法原理)　称分类算法 $\mathscr{A}$ 为**差转计算**(Set subtraction and Rotation calculation,S&R),满足:

(1) 设 $p\in I_{f^*}$,记 $D_{f^*,q}^{(T)}$ 为 $D^{(T)}$ 中等价类 $[p]_{f^*}$ 对应的数据记录组成的数据集,若存在 $q\in I_g$,使 $[p]_{f^*}\subseteq[q]_g$ 为决定性事件,则

$$D_1^{(T)}=D^{(T)}-D_{f^*,q}^{(T)}$$

并称"若 $f^*(u)=p$,则 $g(u)=q$"为本轮操作提取出来的**推理句**,是经验分类规则的顺序组件.

（2）在剩余工作表 $D_1^{(T)}$ 重复（1）的操作.

注意，定义中条件（1）谓"差"；（2）谓"转"，不仅指代重复（1）的操作，不排斥同一个因素在不同轮次的操作中作为优势因素重复使用.

显然，差转计算的算法原理同决策树存在根本的不同：

（1）经验分类规则的提取基于 $[p]_{f^*} \sqsubseteq [q]_g$，反映的是 f^* 和 g 之间的因果性关联.

（2）同一个因素 f_j 在不同剩余工作表上作为优势因素可以重复使用.

【57 差转计算算法基本过程】　简单地讲，差转计算算法是工作表上以发现推理句为目的的因素操作过程.

一个决定性事件一旦转化为推理句，相应的决定类在算法的后续操作中不再提供有价值的信息，应当从工作表中删除.

对于剩余的工作表继续辨识新的决定类，发现新的推理句.

如此重复，直至工作表删空为止. 当工作表被删空时，算法过程收敛.

对于多分类问题，采用两分递推策略将算法原理转为算法过程，基本步骤如下：

（1）**数据预处理**

由工作表的定义可知，首先需要将格标架中各个因素 f_j 的相空间 I_j 重述为规范相空间 I_j^*，$j=1,2,\cdots,s$，对因素 f_j 缺失值（特殊相态）无须处理.

从工作表 $D_{n \times (s+2)}$ 中删除记录，满足条件

$$u_p,u_q \in [u_k]_{n \times 1}, \quad p \neq q, f_j(u_p) = f_j(u_q), \quad j=1,2,\cdots,s$$

但是

$$g(u_p) \neq g(u_q)$$

表明给定的观测因素族 f_j，$j=1,2,\cdots,s$ 是不完备的. 此时，即便增大工作表的容量，算法也不能收敛.

（2）**辨识决定类**

$\forall f \in \mathscr{F}$，求 f 的相态 p 在因素 g 上的踪影 $R_g([p]_f)$，辨识决定类 $[p]_f \sqsubseteq [q]_g$，估计决定度 $\alpha_{g|f}$.

（3）**确定优势因素**

$$\hat{\alpha}_{g|f^*} = \max_{\forall f \in \{f_j\}_{j=1}^s} \hat{\alpha}_{g|f}$$

（4）**知识提取与表达**

将优势因素 f^* 的每一个决定性事态表述为一个推理句

$$\text{若 } f^*(u)=p, \quad \text{则 } g(u)=q;$$

（5）**更新工作表**

从工作表 $D_k^{(T)}$ 中删除优势因素决定类 $[p]_f$ 中的所有数据（行），形成新的工作表 $D_{k+1}^{(T)}, k=0,1,\cdots,N<\infty$，返回步骤（2）启动新一轮因素操作，直至工作表删空为止.

【**58 信息变换**】 在经过若干轮次的工作表收缩更新后，在工作表 $D_k^{(T)}$ 上，出现 $\forall f\in\mathscr{F}, \hat{\alpha}_{g|f}=0$ 的情况，导致差转计算进程受阻. 此时，需要通过信息变换增强因素的解析力.

另外，若所有因素 f_j 均为连续型，则在工作表 $D_{n\times(s+2)}$ 上 $\hat{\alpha}_{g|f}\approx1$. 基于认知本体论的"概括原理"，有效决策得益于对信息的适度概括. 因此，需要提升信息的概括性，即调低 $\hat{\alpha}_{g|f}$ 估值，使差转计算获得前进的"动力". 这种"动力"的形成，或修正优势因素的选择机制，或通过信息变换增强因素的概括力. 前者涉及决定性事件和决定度概念的变式处理，在 5.3 节另行介绍；这里介绍概括力增强方法.

无论是增强解析力的信息变换，还是增强概括力的信息变换，均需要在 $\hat{\alpha}_{g|f}=0$ 或 $\hat{\alpha}_{g|f}\approx1$ 时对应的工作表 $D_k^{(T)}$ 上逐因素回溯求商集

$$D_k^{(T)}/f=\{A_1,A_2,\cdots,A_n\}$$

在此基础上进行信息变换.

（1）**解析力增强** 在格标架 $\mathscr{F}=\{f_j\}_{j=1}^s$ 上，差转计算基于集合包含关系的推理和分类决策机制，一般要求优势因素 f^* 的相态个数 $n_{f^*}>r$；不满足这一条件，往往 $\alpha_{g|f}=0$.

另外，在经过若干轮次的工作表收缩更新后，在工作表 $D_k^{(T)}$ 上，往往 $\forall f\in\mathscr{F}$, $\hat{\alpha}_{g|f}=0$.

此时，利用

$$f_i,f_j\leqslant f_i\wedge f_j$$

以及认知本体论的反变关系原理，在 $D_k^{(T)}$ 引进 $f_{ij}=f_i\wedge f_j$ 进行信息变换，在因素族 $\{f_{ij}\}_{\forall i<j}$ 上恢复步骤（2）至（5）的操作.

析因素 $f_{ij}=f_i\wedge f_j$ 的相态由

$$D_k^{(T)}/f_{ij}=D_k^{(T)}/f_i \circ D_k^{(T)}/f_j=\{C_1,C_2,\cdots,C_{n_{ij}}\}$$

建立，f_{ij} 的相空间为 $I_{ij}^*=\{1,2,\cdots,n_{ij}\}$，其中 $n_{ij}>n_i,n_j$.

（2）**概括力增强**　若 $\forall f\in\mathscr{F}$，$\hat{a}_{g|f}\approx1$，此时根据认知本体论的概括原理，即有效的决策基于适度概括的信息，利用

$$f_i,f_j\geqslant f_i \vee f_j$$

以及反变关系原理，在 $D_k^{(T)}$ 引进 $f_{ij}=f_i \vee f_j$ 进行信息变换，在因素族 $\{f_{ij}\}_{\forall i<j}$ 上恢复步骤（2）至（5）的操作.

合因素 $f_{ij}=f_i \vee f_j$ 的相态由

$$D_k^{(T)}/f_{ij}=D_{n\times(s+2)}/f_i+D_k^{(T)}/f_j=\{C_1,C_2,\cdots,C_{n_{ij}}\}$$

建立，f_{ij} 的相空间为 $I_{ij}^*=\{1,2,\cdots,n_{ij}\}$，其中 $n_{ij}<n_i,n_j$.

无论是解析力增强还是概括力增强的信息变换，均需要更新剩余工作表 $D_k^{(T)}$，即按 $f_{ij}=f_i \wedge f_j$ 或 $f_{ij}=f_i \vee f_j$ 的对应关系，由 f_{ij} 的相空间为 $I_{ij}^*=\{1,2,\cdots,n_{ij}\}$ 为 $D_k^{(T)}$ 中的样本 u 赋值，即确定 $f_{ij}(u)$，追加为 $D_k^{(T)}$ 的扩展列.

【59 经验推理系统】　一个优势因素可能生成几个推理句. 在同一轮次的因素操作中，生成的推理句是并列的，但不同轮次因素操作生成的推理句是有序的.

假定在一个给定的工作表 $D^{(T)}$ 上，进行了 N 轮因素操作后，差转计算过程收敛.

设第 k 轮次的因素操作发现的决定性事件为

$$R_g([p]_{f^*})=q$$

推理句

$$若 f^*(u)=p，则 g(u)=q$$

简记为

$$D_k \rightarrow g,k=0,1,\cdots,N$$

其中，$D_0=D^{(T)}$，记 $\overline{D}_k=D_k-D_f^{(T)}$，$D_f^{(T)}$ 为剩余工作表 D_k 上决定性事件对应的数据子集.

于是，差转计算的经验推理系统表达为推理句序列

$$D_0 \rightarrow g$$
$$D_1 | \overline{D}_0 \rightarrow g$$
$$D_2 | (\overline{D}_0 \cup \overline{D}_1) \rightarrow g$$

$$\vdots$$

$$D_N \mid (\overline{D}_0 \cup \overline{D}_1 \cup \cdots \cup \overline{D}_{N-1}) \to g$$

这个序列揭示了格标架 $\mathscr{F}$ 中的某一个因素,不妨设为 f_i 在第 k 轮因素操作为优势因素、在后继的 $k+l$ 轮因素操作再次作为优势因素的合理性.因为,两次运用 f_i 的数据集已经改变.换句话讲,差转计算对标架因素的操作,不是一维边际"投影分析",而是"条件事件推理",具有"扫描分析"的性质.某一轮次的因素操作既是发现"决定性事态"的观察焦点,也包含着对因素之间多重相关性的观测即知识的深度挖掘.

显然,将 $D_0 = D^{(T)}$ 替换为 $D_0 = D^{(E)}$,执行推理句序列的过程既是算法的泛化测试过程.

例 5.1 Breast Cancer Wisconsin 数据集源自美国威斯康辛州乳腺癌数据库.该数据集收录了 1992 年 7 月 15 日前威斯康辛大学医院的 Wolberg 博士报告的临床病例数据,共有 699 个样本.

观测指标:每个病例均考察了

(1) 肿块密度(Clump Thickness)

(2) 细胞大小的均匀性(Uniformity of Cell Size)

(3) 细胞形状的均匀性(Uniformity of Cell Shape)

(4) 边界粘连(Marginal Adhesion)

(5) 单上皮细胞大小(Single Epithelial Cell Size)

(6) 裸核(Bare Nuclei)

(7) 微受激染色质(Bland Chromatin)

(8) 常态核仁(Normal Nucleoli)

(9) 有丝分裂(Mitoses)

9 项肿瘤特征,每项特征均被描述为有序的 10 种状态.

医学诊断:每个样本按乳腺肿瘤是否为癌症被划分为

(1) 良性(Benign)

(2) 恶性(Malignant)

两个类别.

699 个样本分割为训练数据集和评估数据集两个集合,各个指标(因素)上不存在缺失值. 在 Benign 和 Malignant 两个类别上的样本数据分布见表 5.3.

表 5.3　乳腺癌数据集上 Benign 和 Malignant 的样本数据分布

数据集	分类		合计
	Benign	Malignant	
训练数据集	328	172	500
评估数据集	130	69	199
合计	458	241	699

在训练数据集上建立乳腺癌差转计算诊断知识,在评估数据集上评估知识的有效性. 为此,差转计算由 C♯程序实现,并用决策树 C5.0 算法的商用软件 see5 进行了对比分析.

训练数据集上,差转计算共进行了 14 轮次的数据挖掘,用时 0.499s(小于 see5).

差转计算发现的推理句序列见表 5.4.

表 5.4　基于 Breast Cancer Wisconsin 数据集的差转计算经验推理系统

轮次	优势因素	决定性事件(优势因素的值→诊断)	样本个数
1	(2) 细胞大小的均匀性	5、10→M	64
2	(1) 肿块密度	2→B 或 9、10→M	34+37=71
3	(8) 常态核仁	10→M	16
4	(6) 裸核	2→B 或 7、9→M	18+4=22
5	(7) 微受激染色质	6、8、9、10→M	9
6	(3) 细胞形状的均匀性	9、10→M	3
7	(5) 单上皮细胞大小	7→B	2
8	(9) 有丝分裂	4、6→M	2
9	(4) 边界粘连	8→M	1
10	(8) 常态核仁	9→M	1
11	(1) ∧ (2)	(11、31、51、61、32)、12、13、42、44、57、62、68、69、71→B	(183)216
		14、16、34、36、48、63、72、74、76、78、79、83、86、87、88→M	21
12	(6) 裸核	1、4→B 或 5、8、10→M	53+11=64
13	(1) 肿块密度	3、4、6→B 或 8→M	4+2=6
14	(2) 细胞大小的均匀性	4→B 或 3→M	1

由表 5.4 可知,差转计算的经验推理系统不是树结构的,图形化的结果是"鱼

骨图"形式的,表明学习过程不会生成冗余规则.

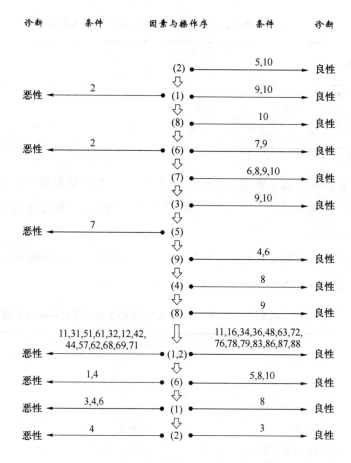

图 5.1　差转计算经验推理系统的图形化形态

按表 5.4 的因素操作顺序,在评估数据集上对 199 个样本逐一检索,将符合推理句"决定性事件"条件的样本并归入相应的类别.

表 5.5　评估数据集上差转计算经验推理系统的泛化结果

先验分类	算法辨识		类错误率(%)
	Benign	Malignant	
Benign	127	3	2.31
Malignant	7	62	10.14

决策树 see5 的经验推理系统在评估数据集上的泛化结果如下:

表 5.6　评估数据集上决策树经验推理系统的泛化结果

先验分类	算法辨识		类错误率(%)
	Benign	Malignant	
Benign	125	5	3.85
Malignant	7	62	10.14

两种算法各项评估指标得分如下:

表 5.7　差转计算与决策树算法的评估指标得分(关注类别:Malignant)

指标	算法	
	差转计算	决策树
错误率(%)	5.03	6.03
查准率(%)	89.9	89.9
敏感度(%)	97.7	96.2
查全率(%)	95.4	92.5
F_1-度量	92.6	91.2

从表 5.7 可以看出,差转计算算法具有较好的学习能力,经验推理系统的泛化效果与决策树算法相当.

例 5.2　UCI 数据集 Large Soybean Database 源自 Michalski R S 对大豆病害知识的研究. 共有 683 个大豆病害样本,每个样本均考察了 35 项病害因素,划分为 19 个病害类型.

样本被分割为训练数据集和测试数据集,各个病害类型上的样本数据分布见表 5.8.

表 5.8　各个病害类型上的样本数据分布

序号	病害类型	训练数据	测试数据
1	2-4-d-injury(2-4-D 药害)	4	12
2	alternarialeaf-spot(交链孢霉叶斑病)	59	32
3	anthracnose(炭疽病)	33	11
4	bacterial-blight(白叶枯病)	15	5
5	bacterial-pustule(细菌性脓疱)	12	8
6	brown-spot(褐斑病)	67	25
7	brown-stem-rot(褐茎腐病)	30	14

序号	病害类型	训练数据	测试数据
8	charcoal-rot(木炭腐病)	11	9
9	cyst-nematode(胞囊线虫病)	12	2
10	diaporthe-pod-&-stem-blight(间座壳荚枯病)	8	7
11	diaporthe-stem-canker(茎溃疡病)	15	5
12	downy-mildew(霜霉病)	12	8
13	frog-eye-leaf-spot(灰斑病)	51	40
14	herbicide-injury(除草剂药害)	4	4
15	phyllosticta-leaf-spot(叶点霉叶斑病)	13	7
16	phytophthora-rot(疫霉腐病)	60	28
17	powdery-mildew(白粉病)	16	4
18	purple-seed-stain(紫斑病)	14	6
19	rhizoctonia-root-rot(立枯丝核菌根腐病)	14	6
合计		450	233

35 项病害因素的值类个数以及观测数据的缺失情况见表 5.9.

表 5.9　各个因素的值类个数与缺失值的分布

序号	因素名称	值类个数	缺失值个数	
			训练集	测试集
1	date(日期)	7	1	0
2	plant-stand(种植地带)	2	20	16
3	precip(降雨量)	3	20	18
4	temp(湿度)	3	16	14
5	hail(冰雹量)	2	71	50
6	crop-histology(作物组织)	4	4	12
7	area-damaged(损害面积)	4	1	0
8	severity(严重程度)	3	71	50
9	seed-tmt(种子变形热处理)	3	71	50
10	germination(发芽率)	3	67	45
11	plant-growth(植物生长情况)	2	4	12
12	leaves(叶子)	2	0	0
13	leafspots-halo(光环叶斑病)	3	57	27
14	leafspots-marg(高原叶斑病)	2	57	27
15	leafspot-size(叶斑病的大小)	2	57	27

序号	因素名称	值类个数	缺失值个数	
			训练集	测试集
16	leaf-shread(碎叶)	2	61	39
17	leaf-malf(叶片畸形)	2	57	27
18	leaf-mild(叶霉病)	3	65	43
19	stem(茎)	2	4	12
20	lodging(寄生虫)	2	71	50
21	stem-cankers(茎部溃疡病)	4	20	18
22	canker-lesion(溃疡损害)	3	20	18
23	fruiting-bodies(果实)	2	63	43
24	external decay(外部腐蚀)	3	20	18
25	mycelium(菌丝)	2	20	18
26	int-discolor(整体变色)	3	20	18
27	sclerotia(麦角菌硬粒)	2	20	18
28	fruit-pods(果荚)	3	47	37
29	fruit spots(果实斑点)	4	63	43
30	seed(种子)	2	51	41
31	mold-growth(霉变)	2	51	41
32	seed-discolor(种子变色)	2	63	43
33	seed-size(种子大小)	2	51	41
34	shriveling(干皱)	2	63	43
35	roots(根)	3	12	19

将各个因素的缺失值作为一个特殊的 NoN 值态,在训练数据集上得到的经验推理系统见表 5.10.

表 5.10　大豆病害数据集上的差转计算经验推理系统

轮次	优势因素与决定性事件(因素编号_值类 → 病害类型)
1	26_brown → brown-stem-rot
2	26_black → charcoal-rot
3	18_upper-surf → powdery-mildew
4	18_lower-surf → downy-mildew
5	28_few-present → cyst-nematode
6	24_watery → phytophthora-rot
7	3_lt-norm → phyllosticta-leaf-spot
8	4_NoN → 2-4-d-injury

轮次	优势因素与决定性事件(因素编号_值类→ 病害类型)		
9	28_NoN	→	phytophthora-rot
10	35_NoN	→	diaporthe-pod-&-stem-blight
11	35_galls-cysts	→	bacterial-pustule
12	34_present	→	anthracnose
13	34_NoN	→	herbicide-injury
14	14_no-w-s-marg	→	bacterial-pustule
15	25_present	→	rhizoctonia-root-rot
16	33_lt-norm	→	bacterial-pustule
17	13_yellow-halos	→	bacterial-blight
18	31_present	→	anthracnose
19	35_rotted	→	rhizoctonia-root-rot
20	1_june&2_normal	→	brown-spot
21	1_april&2_normal	→	brown-spot
22	1_september&4_lt-norm	→	purple-seed-stain
23	1_october&4_lt-norm	→	purple-seed-stain
24	1_august&4_lt-norm	→	purple-seed-stain
25	1_may&4_gt-norm	→	brown-spot
26	1_april&4_lt-norm	→	rhizoctonia-root-rot
27	1_april&3_gt-norm	→	phytophthora-rot
28	1_may&5_no	→	phytophthora-rot
29	1_april&5_yes	→	phytophthora-rot
30	1_may&6_same-lst-sev-yrs	→	brown-spot
31	1_june&6_same-lst-two-yrs	→	rhizoctonia-root-rot
32	1_may&3_norm	→	phyllosticta-leaf-spot
33	1_may&7_whole-field	→	brown-spot
34	1_june&7_whole-field	→	brown-spot
35	1_april&7_upper-areas	→	brown-spot
36	1_april&7_low-areas	→	phytophthora-rot

轮次	优势因素与决定性事件（因素编号_值类→病害类型）		
37	1_september&8_severe	→	brown-spot
38	1_june&8_minor	→	phyllosticta-leaf-spot
39	1_june&4_gt-norm	→	anthracnose
40	1_june&6_same-lst-sev-yrs	→	phytophthora-rot
41	1_june&3_norm	→	brown-spot
42	1_june&4_norm	→	phytophthora-rot
43	1_june&6_diff-lst-year	→	rhizoctonia-root-rot
44	1_july&9_other	→	brown-spot
45	1_september&9_other	→	frog-eye-leaf-spot
46	1_october&9_other	→	alternarialeaf-spot
47	1_august&9_other	→	frog-eye-leaf-spot
48	22_tan	→	purple-seed-stain
49	15_lt-1/8	→	bacterial-blight
50	17_present	→	phyllosticta-leaf-spot
51	1_october&3_norm	→	frog-eye-leaf-spot
52	1_july&4_lt-norm	→	phytophthora-rot
53	1_july&3_norm	→	phyllosticta-leaf-spot
54	1_october&5_no	→	anthracnose
55	1_october&6_diff-lst-year	→	alternarialeaf-spot
56	1_july&7_upper-areas	→	frog-eye-leaf-spot
57	1_july&7_whole-field	→	brown-spot
58	1_july&8_severe	→	diaporthe-stem-canker
59	1_may&10_90-100%	→	brown-spot
60	1_june&10_80-89%	→	phytophthora-rot
61	1_june&10_90-100%	→	phytophthora-rot
62	1_june&10_lt-80%	→	rhizoctonia-root-rot
63	21_below-soil	→	rhizoctonia-root-rot
64	12_norm	→	anthracnose

轮次	优势因素与决定性事件（因素编号_值类→病害类型）		
65	28_N/A	→	phytophthora-rot
66	29_N/A	→	diaporthe-stem-canker
67	13_absent	→	anthracnose
68	24_firm-and-dry	→	frog-eye-leaf-spot
69	1_october	→	alternarialeaf-spot
70	1_may	→	brown-spot
71	19_abnorm	→	brown-spot
72	30_abnorm	→	alternarialeaf-spot
73	11_abnorm	→	frog-eye-leaf-spot
74	4_gt-norm	→	alternarialeaf-spot
75	1_july&2_lt-normal	→	frog-eye-leaf-spot
76	1_august&5_no	→	frog-eye-leaf-spot
77	1_july&5_no	→	frog-eye-leaf-spot
78	1_september&5_no	→	alternarialeaf-spot
79	3_norm	→	alternarialeaf-spot
80	1_july&6_same-lst-yr	→	frog-eye-leaf-spot
81	1_july&6_same-lst-sev-yrs	→	brown-spot
82	1_july&6_diff-lst-year	→	alternarialeaf-spot
83	1_july&6_same-lst-two-yrs	→	alternarialeaf-spot
84	1_september&6_diff-lst-year	→	alternarialeaf-spot
85	1_september&6_same-lst-sev-yrs	→	alternarialeaf-spot
86	1_september&6_same-lst-two-yrs	→	alternarialeaf-spot
87	7_scattered	→	frog-eye-leaf-spot
88	16_present	→	alternarialeaf-spot
89	1_september	→	frog-eye-leaf-spot
90	2_lt-normal	→	alternarialeaf-spot
91	7_whole-field	→	frog-eye-leaf-spot
92	7_low-areas	→	frog-eye-leaf-spot
93	6_same-lst-two-yrs	→	alternarialeaf-spot
94	10_90-100%	→	alternarialeaf-spot
95	10_80-89%	→	frog-eye-leaf-spot

将表 5.10 中的经验推理系统泛化应用于测试数据集,与决策树算法对比,所得泛化错误率见表 5.11.

表 5.11 大豆病害数据集上的差转计算及决策树算法的泛化错误率

算法	类错误率(%)												平均
	1	2	3	4	5	6	7～12	13	14	15	16	17～18	19	
差转计算	0	9.4	27.3	0	37.5	28	0	20	0	42.9	7.1	0	33.3	12.5
决策树	100	15.6	0	0	25	8	0	17.5	100	42.9	0	0	16.7	15.5

结果表明,差转计算对缺失值的适应性符合格标架理论构想. 基于决定度的优势因素选择机制具有良好的因素约简功能,且抑制了冗余知识的生成.

在其他多个数据集上的实证分析也得到了相似的结论.

5.3 差转计算算法拓展

【60 连续型因素的决定性事件】 在差转计算的算法原理和步骤中,没有给出连续型因素的操作机制.

设观测因素 f 是一个连续型变量,相空间 $I_f \subseteq R$;分类因素 g 是二值变量,$I_g = \{1,2\}$.

不妨设容量为 n 的样本数据集 $D = [1]_g \bigcup [2]_g$,讨论从因素 f 到 g 的决定性事件和决定度.

记因素 g 的相态 $i = 1,2$ 在因素 f 上的踪影

$$D_1 = R_f([1]_g), \quad D_2 = R_f([2]_g)$$

通常 $(D_1 \bigcap D_2) \neq \varnothing$.

为表述方便,约定

$$\min(D_1) \leqslant \min(D_2), \quad \max(D_1) \leqslant \max(D_2)$$

由 3.3 节的讨论可知,连续型因素 f 的决定性事件由对称差

$$D_1 \bigoplus D_2 = (D_1 \bigcup D_2) - (D_1 \bigcap D_2)$$

描述,以因素 g 对 f 的分辨度

$$\alpha_{g|f} = (\#[\inf(D_1), \inf(D_1 \bigcap D_2)) + \#(\sup(D_1 \bigcap D_2), \sup(D_2)])/n$$

为决定度确定优势因素,修正 5.2 节的差转计算过程.

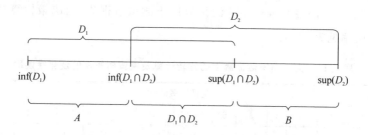

图 5.2　连续型因素 f 的决定性事件

图中

$$A=[\inf(D_1),\inf(D_1\bigcap D_2)),\quad B=(\sup(D_1\bigcap D_2),\sup(D_2)]$$

并且

$$\forall\, u\in U, f(u)\in A \text{ 或 } f(u)\in B$$

为决定性事件.

显然,上述修正有两个关键问题:

(1) 对于分类因素 g 为多值变量情形,采用二分递推策略进行算法训练.

(2) $\inf(D_1)$, $\inf(D_1\bigcap D_2)$, $\sup(D_1\bigcap D_2)$ 和 $\sup(D_2)$ 的统计估计.

设变量 f 的概率密度函数为 $p(x)$,记

$$\alpha=\int_{x>\inf B}p(x)\mathrm{d}x,\quad \beta=\int_{x<\mathrm{sub}A}p(x)\mathrm{d}x$$

在工作表 $D_{n\times(s+2)}$ 中,f 的上 α 分位点的估计为

$$\hat{f}_{1-\alpha}=\max\{x\,|\,x\in D_1\bigcap D_2, x=f(u), u\in U\}$$

下 β 分位点的估计为

$$\hat{f}_{\beta}=\min\{x\,|\,x\in D_1\bigcap D_2, x=f(u), u\in U\}$$

理论上,$\hat{f}_{1-\alpha}$ 是 $f_{1-\alpha}$ 的渐进相合正态估计,且

$$E(\hat{f}_{1-\alpha})=f_{1-\alpha},\quad \mathrm{var}(\hat{f}_{1-\alpha})=\frac{\alpha(1-\alpha)}{np^2(f_{1-\alpha})}$$

记

$$\varepsilon=z_{1-\theta/2}\frac{\sqrt{\alpha(1-\alpha)}}{np(f_{1-\alpha})}$$

其中,$z_{1-\theta/2}$ 为标准正态分布的上 $\theta/2$ 分位点,α 由满足条件 $f(u)>\hat{f}_{1-\alpha}$ 的样本在工作表 $D_{n\times(s+2)}$ 中所占比率估计,$p(f_{1-\alpha})$ 由极差 $(\max(I_f)-\min(I_f))^{-1}$ 估计.

于是, $f_{1-\alpha}$ 的风险概率为 θ 的置信区间为 $[\hat{f}_{1-\alpha}-\varepsilon, \hat{f}_{1-\alpha}+\varepsilon]$.

在给定的工作表 $D_{n\times(s+2)}$ 上, $\hat{f}_{1-\alpha}$ 是决定性事件 $f(u)\in B$ 决策阈值的最小观测值, 由大于 $\hat{f}_{1-\alpha}$ 的决策阈值 $\hat{f}_{1-\alpha}+\varepsilon$ 描述的推理句在应用中具有更大的可靠性.

记 $f_{\mathrm{un\_threshold}}=\hat{f}_{1-\alpha}-\varepsilon$, $f_{\mathrm{up\_threshold}}=\hat{f}_{1-\alpha}+\varepsilon$, 于是从因素 f 到结果 g 的推理句为:

若 $f(u)<f_{\mathrm{un\_threshold}}$, 则 $f(u)\in A, u\in[1]_g$; 若 $f(u)>f_{\mathrm{up\_threshold}}$, 则 $f(u)\in B$, $u\in[2]_g$.

特别的, 当 $D_1\bigcap D_2=\varnothing$ 时

$$f_{\mathrm{un\_threshold}}=f_{\mathrm{up\_threshold}}=f_{\mathrm{threshold}}\approx\frac{\max(D_1)+\min(D_2)}{2}$$

例 5.3　用例数据集同例 4.4.

各个等级类所含样本个数, 以及算法训练数据集和测试数据集的分割情况见表 5.12.

表 5.12　学生知识数据集各个等级的样本数据分布

数据集	Very Low 类	Low 类	Middle 类	High 类	合计
训练数据集	24	83	88	63	258
测试数据集	26	46	34	39	145
合计	50	129	122	102	403

由前述差转计算修正算法, 采用二分递推策略, 在训练数据集上的算法训练路线为

HMLV→HM & LV,　HM→High & Middle,　LV→Low & VeryLow

其中, HM 为 High 和 Middle 两个类别的并集, LV 为 Low 和 VeryLow 两个类别的并集.

在算法训练时, 简单地以 $\hat{f}_{1-\alpha}$ 为决定性事件 $f(u)\in B$ 的决策阈值, 以 $\hat{f}_{\beta}$ 为 $f(u)\in A$ 的决策阈值.

在训练数据集上差转计算修正算法所发现的经验推理系统见图 5.3.

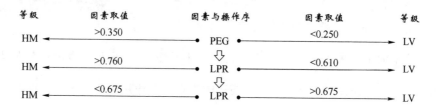

(a) HMLV→HM & LV 的推理规则

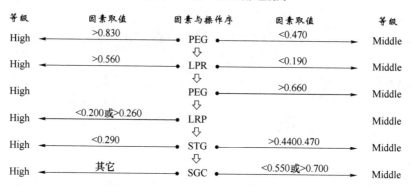

(b) HM→High & Middle 的推理规则

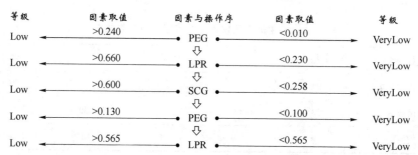

(c) LV→Low & VeryLow 的推理规则

图 5.3　学生知识数据集上的差转计算经验推理系统

按图 5.3 的经验推理系统,在测试数据集上进行泛化效果评估,并同 see5 进行比较,泛化错误率见表 5.13.

表 5.13　学生知识数据集上的差转计算及 see5 的泛化错误率

算法	类错误率(%)				错误率(%)
	High	Middle	Low	Very Low	
差转计算	2.6	20.6	15.0	11.5	11.7(17/145)
决策树	0	11.8	15.2	11.5	9.7(14/145)

在优势因素有较大决定度的情况下,这一修正算法的经验知识有较好的可解释性.

【61 数据的离散化】　前述对连续型因素的修正算法存在如下问题:

(1) 由于差转计算的因素操作主要是在剩余工作表 $D_k^{(T)}$ 上进行的,优势因素 f 上的分类阈值 $f_{\text{un\_threshold}}$ 和 $f_{\text{up\_threshold}}$ 的泛化稳健性随 k 的增大而变差.

另外,泛化过程中大量的排序作业增加了算法的时间复杂度.

(2) 虽然修正算法的思想原理同 5.2 节的论述相近,但是没有完全纳入格标架下因素分析的框架中.

在格标架下统一处理不同度量尺度的因素(变量),一个基本的技术环节就是连续型因素的离散化变换.

一般而言,数据的离散化问题是数据挖掘领域的一个普遍课题.从数据挖掘的算法原理和机器学习的过程特征出发,依据不同的需求,存在多种不同的数据离散化方法体系,共性的特征包括:

(1) **排序**　因为连续型变量是线序结构的,排序旨在恢复变量线序结构的基本特征.

(2) **分割**　不同的离散化方法,主要差异体现在数据集分割原理上,如有无分类监督信息、聚合与分裂特征的度量、是否考量数据的动态特征、是否使用先验的全局性知识等.由于离散化思想涉及因素的多样性和复杂性,没有一种离散化方法对任何数据集或者任何算法都是有效的,也没有一种离散化方法一定比其他方法产生更好的离散化结果.

(3) **信息增强**　一个好的数据离散化算法,不是连续性的简单分割,必须在保留由样本数据代表的对象的固有特性的基础上,提高信息表征的一致性,有利于改善预测和决策的效能.

在差转计算研究初期,实证分析证明了常见的单因素离散化算法不能适用于差转计算.因此,需要建立同泛因素空间思想原理一致的、适宜格标架下应用的数据离散化算法.

设 f 为论域 U 上的连续型观测因素;g 为分类因素,相空间 $I_g = \{1, 2, \cdots, r\}$;$D_{n \times (s+2)}$ 为建构差转计算算法的工作表(训练数据集).因素 f 按观测值从小到大的顺序排序后记为 $\text{sort} f$.一般情况下,$\forall q \in I_g$,受 f 线序结构的影响,踪影

$R_f([q]_g)$ 在 sort f 上呈不连续分布.

定义 5.4 设 $R_f([q^{(k)}]_g)$ 为 $R_f([q]_g)$ 在 sort f 上的一个聚集子块,即 sort f 上连续的若干个样本有同样的类标记 q,则称 $R_f([q^{(k)}]_g)$ 是因素 f 的**一个概括性分类信息**,简称信息粒.

在工作表 $D_{n\times(s+2)}$ 上进行连续型因素的数据离散化变换,核心思想是"连续性的破碎",即求因素 f 的分类信息粒.具体的算法步骤如下:

(1) **排序** 在工作表 $D_{n\times(s+2)}$ 上,按因素 f 的相态值升序扩展排序,排序后记为 sort f.

(2) **编码** 采用"信息粒"和"相态的重复性"二元编码机制,在 sort f 上进行因素 f 的相态"离散化"重标记.

二元编码机制即重标记规则如下:

① 按 sort f 的相态顺序由自然数按序编码,若样本在因素 f 上的观测值缺失,则编码为 NoN(或由数字 0 标记).

② 信息粒优先,每一个信息粒 $R_f([q^{(k)}]_g)$ 有一个编码. 若
$$\min R_f([q^{(k)}]_g)\leqslant x\leqslant \max R_f([q^{(k)}]_g),x\in I_f\subseteq \mathbf{R}$$
则重标记 $x=s,s=1,2,\cdots,n_f<\infty.$

注意,重标记过程只关注信息粒的聚集和边际特征,以及在 sort f 影响下的顺序,忽略 q 和 k 的取值.

③ 若发生 f 的观测值 x 重复且分属于不同的信息粒
$$R_f([q^{(k)}]_g) 和 R_f([p^{(l)}]_g),\forall q,p\in I_g,q\neq p$$
的现象,则观测值 x 独自编码.

这种现象不是连续性的本质,而是观测中度量工具的精确度导致的"截断效应".换句话说,连续型变量的观测值本质上是一种模糊数,观测值的有效数位反映的是一个模糊截集的特征.

④ 除上述②和③情形外,由于样本分布和观测不充分,在工作表 $D_{n\times(s+2)}$ 中出现 sort f 的一个观测值 x 孤立的现象,即 x 没有重复但不能同相邻观测值合并编码,此时观测值 x 独自编码.

为后文表述简便,分别称上述②、③和④三种情形的编码规则为**信息粒**、**复值**和**孤值**.

(3) **知识化** 在编码的基础上,对编码值进行模糊化处理,将编码过程转化为泛化知识.

采用简单的"中值模糊化"算法,即以编码值 s 和 $s+1$ 对应的信息粒(或重复值、孤值)边界的中点描述连续型因素观测值的离散化编码规则,即令

$$x_0 = \inf(I_f)$$

$$x_s = \frac{1}{2}(\max R_f^{(s)}([q^{(k)}]_g) + \min R_f^{(s+1)}([q^{(k)}]_g)) \quad , s=1,2,\cdots,n_f-1$$

$$x_{n_f} = \sup(I_f) + \varepsilon$$

其中,ε 为因素 f 的度量尺度的半个单位;于是,f 的相态离散化编码规则为

$$\forall u \in U, \quad 若 f(u)=x 且 x_{s-1} \leqslant x < x_s, \quad 则 f(u)=s, s=1,2,\cdots,n_f$$

至此,因素 f 的相空间 I_f 已离散化为 $I_f^* = \{1,2,\cdots,n_f\}$.

【62 离散化算法与差转计算的融合策略】 即在工作表 $D_{n \times (s+2)}$ 进行差转计算数据挖掘,过程如下:

(1) 原始工作表 $D_{n \times (s+2)}$ 数据预处理,然后执行步骤(2).

(2) 辨识观测因素的度量尺度.若存在连续型因素(比率尺度),则执行步骤(3).否则,转步骤(4).

(3) 启动连续型因素相态离散化过程:排序→编码→离散规则知识化.若数据离散化后 $\min \hat{\alpha}_{g|f} \geqslant 0.8$,则进一步进行信息变换,增强因素的概括力,更新工作表,然后转步骤(4).

(4) 在工作表 $D_{n \times (s+2)}$(更新)上启动差转计算基本过程:辨识决定类→计算决定度→确定优势因素→知识提取与表达→更新(缩减)工作表,进入下一轮计算.

注意,在确定优势因素环节,应遵循如下原则:

① **固有离散型因素优先**　固有离散型因素的相态概括性好,且不存在连续型因素观测值中的"截断性"和离散化过程中引进的模糊性对算法决策的影响.

② **谨慎学习**　控制算法的学习速度,防止学习进程过早收敛.在学习的前半程,若优势因素的决定度过大,在相态不均衡分布的情况下,由于训练数据集上样本分布的原因,可能屏蔽了样本的类属信息,导致经验推理系统泛化时决策错误的风险上升.因此,在算法进程的第一轮计算中,优势因素的决定度 $\hat{\alpha}_{g|f} < 0.8$ 为宜.在算法进程的尾声,如剩余工作表中的样本个数不足总样本的 20% 时,则不受此项原则的约束.

另外,注意计算过程中可能的信息变换.

差转计算经验推理系统的泛化应用,应按上述过程中的顺序,顺次执行相应的知识和规则,逐一判断样本同经验推理系统中的推理句的适配性.

例 5.4 Iris 数据集由 R. A. Fisher 于 1936 年创建,是模式识别领域著名的算法验证共享数据集,模型与方法从 Fisher 的线性判别分析,到后来的贝叶斯决策、KNN 算法、决策树算法等.

Iris 数据集包含山鸢尾(Iris Setosa)、变色鸢尾(Iris Versicolour)和维吉尼卡鸢尾(Iris Virginica)三个类别,各有 60、40 和 50 个样例,共 150 个样本数据.

观测因素 4 个,分别为萼片长度(Sepal Length,Sl)、萼片宽度(Sepal Width,Sw)、花瓣长度(Petal Length,Pl)和花瓣宽度(Petal Width),测量值分布范围分别为[4.3,7.9]、[2,4.4]、[1,6.9]和[0.1,2.5]厘米之间.

为实证数据离散化算法同差转计算算法的融合有效性,融合算法实证分析按 7∶3 的比例,采用分层随机抽样的方法将 Iris 数据集分割为算法训练数据集和验证数据集,验证数据集中三个类别的样例数依次为 18、12 和 15.

在训练数据集上得到的数据模糊离散化规则见表 5.14.

表 5.14 基于 Iris 数据集 70%样本的数据模糊离散化规则

萼片长度			萼片宽度			花瓣长度			花瓣宽度		
取值范围	编码	机制	取值范围	编码	机制	取值范围	编码	机制	取值范围	编码	机制
[0,4.85]	1	信息粒	[0,2.25]	1	信息粒	[0,2.45]	1	信息粒	[0,0.75]	1	信息粒
[4.85,4.95]	2	复值	[2.25,2.35]	2	复值	[2.45,4.65]	2	信息粒	[0.75,1.35]	2	信息粒
[4.95,5.05]	3	复值	[2.35,2.55]	3	信息粒	[4.65,4.75]	3	复值	[1.35,1.45]	3	复值
[5.05,5.15]	4	复值	[2.55,2.65]	4	复值	[4.75,4.85]	4	信息粒	[1.45,1.55]	4	复值
[5.15,5.25]	5	复值	[2.65,2.75]	5	信息粒	[4.85,4.95]	5	复值	[1.55,1.65]	5	复值
[5.25,5.35]	6	孤值	[2.75,2.85]	6	复值	[4.95,5.05]	6	信息粒	[1.65,1.75]	6	孤值
[5.35,5.45]	7	复值	[2.85,2.95]	7	复值	[5.05,5.15]	7	复值	[1.75,1.85]	7	复值
[5.45,5.55]	8	复值	[2.95,3.05]	8	复值	[5.15,9.99]	8	信息粒	[1.85,1.95]	8	信息粒
[5.55,5.65]	9	信息粒	[3.05,3.15]	9	复值				[1.95,2.05]	9	复值
[5.65,5.75]	10	复值	[3.15,3.25]	10	复值				[2.05,9.99]	10	信息粒
[5.75,5.85]	11	复值	[3.25,3.35]	11	复值						
[5.85,6.15]	12	信息粒	[3.35,3.45]	12	复值						
[6.15,6.25]	13	复值	[3.45,3.55]	13	信息粒						
[6.25,6.35]	14	复值	[3.55,3.65]	14	复值						
[6.35,6.45]	15	复值	[3.65,3.75]	15	信息粒						
[6.45,6.55]	16	复值	[3.75,3.85]	16	复值						
[6.55,6.65]	17	孤值	[3.85,9.99]	17	信息粒						
[6.65,6.75]	18	复值									
[6.75,6.85]	19	复值									
[6.85,9.99]	20	信息粒									

在离散化的 Iris 算法训练数据集上,计算得萼片长度的决定度为 0.381 0,萼片宽度为 0.238 1,花瓣长度为 0.866 7,花瓣宽度为 0.704 8.

根据前文叙述的"适度概括"的决策原理,第一轮差转计算的因素操作应使用"花瓣宽度"为优势因素,而不是"花瓣长度".在训练数据集上得到的差转计算经验推理系统见表 5.15.

表 5.15　差转计算的经验推理系统

计算轮次	优势因素	决定度	推理句(因素相态→类别)
1	4	0.704 5	2、6、8→1,10→2,1→3
2	3	0.666 7	2、4、6→1,8→2
3	1	1	9、12、14、18→1,16、20→2

将表 5.14 的数据模糊离散化规则与表 5.15 经验推理系统应用于 45 个验证样例,先由离散化规则对样例的因素相态离散化编码,然后按经验推理系统中优势因素的顺序,注意验证样例的(离散化)相态值是否为表 5.15 中推理句的"前件",若是则将该样例归入推理句的"后件"指定的类别中.否则,进入下一轮次优势因素定义的推理句进行判定.

在验证数据集上,融合算法的混淆矩阵见表 5.16.

表 5.16　融合算法的混淆矩阵

先验类别	算法的分类			合计
	山鸢尾	变色鸢尾	维吉尼卡鸢尾	
山鸢尾	18	0	0	18
变色鸢尾	3	9	0	12
维吉尼卡鸢尾	0	0	15	15
合计	21	9	15	45

简单评价,算法的决策错误率

$$e_{\mathscr{A}lg} = 3/45 = 0.066\ 7$$

对差转计算和决策树两种算法,在多个数据集进行了对比试验.

对一个数据集,按不同比例分割为训练集和评估集,按同一比例进行反复随机分割.试验结果表明,数据集的分割比例对两种算法的影响不同.

泛化错误率同训练集占比的相关性分析表明,决策树算法显著负相关,即提高训练集占比有助于降低错误率;差转计算不存在这种相关性,泛化错误率围绕一个定值波动,泛化有效性受训练集与验证集数据结构相似性的影响,主要取决于样本的分布特征而非容量.换句话说,在小样本条件下差转计算更有优势.对于数据集不同的分割比例,平均泛化错误率二者相当,差转计算的 F_1-度量值小于或等于决策树.

从泛化耗时来看,对于数据集不同分割比例,决策树的平均耗时显著地大于差转计算.表明差转计算的经验推理系统较决策树简单,有更好的可解释性.

差转计算的研究尚不充分,但差转计算在小规模数据集上良好的表现,基于因果关系的推理机制以及较好的可解释性,适宜作为智能化在线多因素辅助决策系统基本的机器学习算法,值得进一步应用和开发研究.

参 考 文 献

[1] 汪培庄. 模糊数学与优化-汪培庄文集(北京师范大学数学家文库)[M]. 北京:北京师范大学出版社,2013.

[2] 阮传概,孙伟. 近世代数及其应用[M]. 北京:北京邮电大学出版社,2001.

[3] 方捷. 格论导引[M]. 北京:高等教育出版社,2014.

[4] BRUALDI R A. 组合数学[M]. 3 版. 冯舜玺,等译. 北京:机械工业出版社,2005.

[5] 刘凤璞,纪善韬,李宝岩,等. 逻辑学大全[M]. 长春:吉林大学出版社,1991.

[6] ROSS S M. 应用随机过程-概率论模型导论[M]. 10 版. 龚光鲁,译. 北京:人民邮电出版社,2011.

[7] 熊大国. 概率论自然公理系统-随机世界的数学模型[M]. 北京:清华大学出版社,2000.

[8] 郭嗣琮. 基于结构元理论的模糊数学分析原理[M]. 沈阳:东北大学出版社,2004.

[9] 王伯英. 多重线性代数基础[M]. 北京:北京师范大学出版社,1985.

[10] 陈景良,陈向晖. 特殊矩阵[M]. 北京:清华大学出版社,2000.

[11] 张贤达. 矩阵分析与应用[M]. 北京:清华大学出版社,2004.

[12] OTT R L, LONGNECKER MICHAEL. 统计学方法与数据分析引论(上)[M]. 张忠占,等译. 北京:科学出版社,2003.

[13] OTT R L, LONGNECKER MICHAEL. 统计学方法与数据分析引论(下)[M]. 张忠占,等译. 北京:科学出版社,2003.

[14] AGRESTI ALAN. 分类数据分析[M]. 齐亚强,译. 重庆:重庆大学出版社,2012.

[15] 周光亚,夏立显. 非定量数据分析及其应用[M]. 北京:科学出版社,1993.

[16] KANTARDRIC MEHMED. 数据挖掘-概念、模型、方法和算法[M]. 北京:清华大学出版社,2013.

[17] 周志华. 机器学习[M]. 北京:清华大学出版社,2016.

[18] IAN GOODFELLOW,YOSHUA BENGIO,AARON COURVILLE. 深度学习[M]. 赵申剑,等译. 北京:人民邮电出版社,2017.

[19] 张尧庭. 信息与决策[M]. 北京:科学出版社,2000.

[20] 徐泽水. 不确定多属性决策方法及应用[M]. 北京:清华大学出版社,2004.

[21] 钟义信. 信息科学原理[M]. 北京:北京邮电大学出版社,2013.

[22] 邢文训,谢金星. 现代优化计算方法[M]. 北京:清华大学出版社,1999.

[23] 王海英,黄强,李传涛,等. 图论算法及其 MATLAB 实现[M]. 北京:北京航空航天大学出版社,2010.

[24] 刘军. 科学计算中的蒙特卡罗策略[M]. 北京:高等教育出版社,2009.

[25] 张尧庭. 指标量化、序化的理论和方法[M]. 北京:科学出版社,1999.

[26] 冯嘉礼. 思维与智能科学中的性质论方法[M]. 北京:原子能出版社,1990.

[27] 曾黄麟. 粗集理论及其应用—关于数据推理的新方法[M]. 重庆:重庆大学出版社,1996.

[28] 马谋超. 心理学中的模糊集分析[M]. 贵阳:贵州科技出版社,1994.

[29] SIMON H A. 人工科学[M]. 武夷山,译. 北京:商务印书馆,1987.

[30] 张尧庭,杜劲松. 人工智能中的概率统计方法[M],北京:科学出版社,1998.

[31] 王志良. 机器智能与人工心理[M]. 北京:机械工业出版社,2017.

[32] IBM 商业价值研究院. 认知计算与人工智能[M]. 北京:东方出版社,2016.

[33] Bochńeski J M. 当代思维方法[M]. 童世骏,等译. 上海:上海人民出版社,1987.

[34] Dieudonne' Jean. 当代数学-为了人类心智的荣耀[M]. 沈永欢,译. 上海:上海教育出版社,1997.

[35] KLINE MORRIS. 数学:确定性的丧失[M]. 李宏魁,译. 长沙:湖南科学技术出版社,1999.

[36] GLIMCHER P W. 决策、不确定性和大脑-神经经济学[M]. 贺京同,等译. 北京:中国人民大学出版社,2010.

[37] PINKER STEVEN. 心智探奇-人类心智的起源与进化[M]. 郝耀伟,译. 杭州:浙江人民出版社,2016.

[38] KURZWEIL RAY. 人工智能的未来-解释人类思维的奥秘[M]. 盛杨燕,译. 杭州:浙江人民出版社,2016.

[39] 袁学海,汪培庄. 因素空间中的一些数学结构[J]. 模糊系统与数学,1993,7(1):45-54.

[40] 袁学海,汪培庄. 因素空间和范畴[J]. 模糊系统与数学,1995,9(2):25-33.

[41] 汪培庄. 因素空间与因素库[J]. 辽宁工程技术大学学报:自然科学版,2013,32(10):1297-1304.

[42] 汪培庄,郭嗣琮,包研科,等. 因素空间中的因素分析法[J]. 辽宁工程技术大学学报:自然科学版,2014,33(7):865-780.

[43] 刘海涛,郭嗣琮. 因素分析法的推理模型[J]. 辽宁工程技术大学学报:自然科学版,2015,34(2):273-280.

[44] 汪培庄. 因素空间与数据科学[J]. 辽宁工程技术大学学报:自然科学版,2015,34(2):273-280.

[45] 刘海涛,郭嗣琮,刘增良,等. 因素空间发展评述[J]. 模糊系统与数学,2017,31(6):39-58.

[46] 刘海涛,郭嗣琮,等. 因素空间与形式概念分析及粗糙集的比较[J]. 辽宁工程技术大学学报:自然科学版,2017,36(3):324-330.

[47] 汪培庄. 因素空间理论-机制主义人工智能理论的数学基础[J]. 智能系统学报,2018,13(1):37-54.

[48] 何华灿. 泛逻辑学理论-机制主义人工智能理论的逻辑基础[J]. 智能系统学报,2018,13(1):19-36.

[49] 汪培庄. 因素空间-人工智能的数学基础理论:"人工智能的理论基础论坛"论文集[C]. 辽宁葫芦岛,2019.

[50] 欧阳合. 不确定性理论的统一理论-因素空间的数学基础:东方思维与模糊逻辑—纪念模糊集诞生五十周年国际会议论文集[C]. 大连,2015.

[51] 何平. 基于因素空间的直觉推理系统研究:模糊集与智能系统国际会议论文

集[C].2014.

[52] 吕金辉,等.因素空间背景基的信息压缩算法[J].模糊系统与数学,2017,31
(6):82-86.

[53] 焦占亚,胡予濮.商集与商集的基本运算[J].西安科技大学学报,2004,24
(3):372-375.

[54] 聂斌,王命延,邱桃荣,等.商集统计 Rough sets 及其医学辅助诊断模式
[J].计算机工程与应用,2008,44(35):197-199.

[55] 王加阳,陈思力,陈林书,等.论域合成的商空间关系[J].控制与决策,2015,
30(10):1911-1914.

[56] 孙野,王加阳,张思同.代数商空间的同余结构研究[J].电子学报,2017,45
(10):2434-2438.

[57] 李强.创建决策树算法的比较研究—ID3,C4.5,C5.0 算法的比较[J].甘肃
科学学报,2006,18(4):88-91.

[58] 李德清,谷云东.一种基于可能度的区间数排序方法[J].系统工程学报,
2008,23(2):223-226.

[59] 魏屹东.认知科学的功能主义本体论[J].晋阳学刊,2011(1):67-74.

[60] 马丽,米据生.格观念下的知识约简[J].计算机科学,2015,41(6):79-81.

[61] 苗夺谦,张清华,钱宇华,等.从人类智能到机器实现模型-粒计算理论与方
法[J].智能系统学报,2016,11(6):743-757.

[62] 包研科,赵凤华.多标度数据轮廓相似性的度量公理及计算[J].辽宁工程技
术大学学报:自然科学版,2012,31(5):797-800.

[63] 赵凤华,孙梦哲,包研科.多标度数据几何轮廓相似性的度量与应用[J].数
学的实践与认识,2013,43(8):178-182.

[64] 孙梦哲,包研科.基于样本协方差矩阵的多维随机数生成方法[J].纯粹数学
与应用数学,2014,30(6):610-617.

[65] 包研科,茹慧英,金圣军.因素空间中知识挖掘的一种新算法[J].辽宁工程
技术大学学报:自然科学版,2014,8(33),1141-1143.

[66] 包研科.认知本体论视角下因素空间的性质与对偶空间[J].模糊系统与数
学,2016,30(2):127-136.

[67] 茹惠英,包研科.因素空间理论的因素约简算法[J].辽宁工程技术大学学

报:自然科学版,2017,36(2):219-224.

[68] 金圣军,包研科.年降雨量因素轮廓的状态转移模型及应用[J].辽宁工程技术大学学报:自然科学版,2017,36(3):331-336.

[69] 包研科,茹惠英.差转计算的算法与实证[J].模糊系统与数学,2017,31(6):12-45.

[70] 包研科,金圣军.一种基于因素空间理论的群体整体优势的投影评价模型与实证[J].模糊系统与数学,2017,31(6):94-101.

[71] 包研科,王甜甜,程奇峰,等.基于因素分析法的常见慢性非传染性疾病史对患脑卒中风险的影响[J].数学的实践与认识,2017,47(21):195-205.

[72] 张艳妮,曾繁慧,包研科,等.辽宁省阜新农村地区人群高血压危险因素分析[J].中华高血压杂志,2017,25(10):937-941.

[73] 包研科,汪培庄,郭嗣琮.因素空间的结构与对偶回旋定理[J].智能系统学报,2018,72(4):168-176.

[74] 张宇,包研科,邵良杉.基于信息熵和几何轮廓相似度的多变量决策树[J].计算机应用研究,2018,35(4):1018-1022.

[75] 张宇,包研科,邵良杉,等.面向分布式数据流大数据分类的多变量决策树[J].自动化学报,2018,44(6):1115-1127.

[76] 包研科.人工认知与泛因素空间:中国运筹学会模糊信息与工程分会第十次学术会议[R].银川,2018.

[77] 吴玉程,金智新,包研科,等.基于关联度分析的炼焦煤稀有性研究[J].太原理工大学学报,2020,51(2):157-161.

[78] 金智新,吴玉程,郭嗣琮,等.煤-焦-钢产业一体化协调发展[M].北京:科学出版社,2019.

[79] 包研科.数据分析教程[M].北京:清华大学出版社,2011.

[80] 汪明武,等.开采建筑物损坏的集对分析—可变模糊集综合评价模型[J].煤田地质与勘探,2008,36(3):39-41.

[81] 刘立民,等.建筑物采动损坏等级评定的物元模型及其应用[J].煤炭学报,2004,29(1):17-21.

[82] 周维博,等.地下水利用[M].北京:中国水利水电出版社,2009.

[83] 倪长健,等.投影寻踪动态聚类模型及其在地下水分类中的应用[J].四川大

学学报(工程科学版),2006(11),38(6):29-33.

[84] 李安贵,等.应用 Fuzzy 集理论对地下水位动态分类[J].水文地质工程地质,1993(4):25-27.

[84] 张翔,等.自组织神经网络在地下水动态分类中的应用[J].工程勘察,1998(2):29-31.

[86] 舒栋才,等.基于免疫进化算法的投影寻踪聚类及其在地下水动态分类中的应用[J].四川大学学报:工程科学版,2004,36(1):15-18.